保健食品功能评价实验教程

郭俊霞　陈　文　主编

中国质检出版社
中国标准出版社
北京

图书在版编目（CIP）数据

保健食品功能评价实验教程／郭俊霞，陈文主编．
—北京：中国质检出版社，2018.7
ISBN 978-7-5026-4326-3

Ⅰ.①保…　Ⅱ.①郭…②陈…　Ⅲ.①疗效食品—评价—实验—教材　Ⅳ.①TS218-33

中国版本图书馆 CIP 数据核字（2016）第 161555 号

内容提要

　　保健食品功能评价主要包括动物功能学实验评价和人体功能学实验评价。本书以动物功能学实验评价为主线。主要介绍了动物功能评价的实验设计原则，以及有助于降血脂、降血糖、降血压、减少体内脂肪、缓解运动疲劳、抗氧化、改善缺铁性贫血、通便、增强免疫力、降低过敏反应和改善睡眠等功能评价动物实验方案、检测原理和方法。

　　本教材可作为高等院校食品科学与工程、食品质量与安全、食品营养与检测、食品安全与检测等专业教学用书，也可供相关企业技术人员参考。

中国质检出版社
中国标准出版社　出版发行
北京市朝阳区和平里西街甲 2 号　（100029）
北京市西城区三里河北街 16 号　（100045）
网址：www.spc.net.cn
总编室：(010)68533533　发行中心：(010)51780238
读者服务部：(010)68523946
中国标准出版社秦皇岛印刷厂印刷
各地新华书店经销

＊

开本 787×1092　1/16　印张 11　字数 255 千字
2018 年 7 月第一版　2018 年 7 月第一次印刷

＊

定价 **39.00** 元

前　　言

随着国民经济收入增加和人们生活水平提高，人们的健康保健意识越来越强，我国功能食品产业得以迅猛发展。实际上，功能食品已逐渐发展成为有别于传统食品科学与营养学的新的综合性学科，需要生理学、生物化学、营养学、预防医学、食品科学与工程等学科的共同支撑。因此，很多综合类院校、农业类院校等都增设了功能食品及相关课程。

近年来出版的功能食品教材在内容上大多求全求广，综合性较强。而针对功能食品保健功能评价实验的教材极少。在功能食品教学中实验教学具有与理论教学同等重要的作用，实验教学不仅培养学生的操作技能，还应侧重于学生分析问题和解决问题能力的培养。因此，本教材从功能食品保健功能评价实验教学过程中的实际需要出发，以目前国内市场上产品的主要功能类型为切入点，以实践教学为重并结合理论教学而编著。理论教学的目的是使学生把所学的生理学、生物化学、营养学、实验动物学等理论知识应用于功能食品的保健功能评价实验中，反过来，又可以通过应用的需求来深入理论的探讨。

本教材大幅度删减和精炼了各项功能基础理论，部分复杂理论机制还配以图表形式解析，力求能以最少的篇幅介绍必要的理论知识。本教材依据原国家食品药品监督管理总局发布的关于保健食品功能评价检测项目和评价方法，重在阐述各项功能评价实验设计、检测项目、检测原理和实验步骤、结果评判和注意事项等实践内容，结构上力求体系简洁，强调实用。

本教材主要内容为动物功能评价的实验设计原则，以及有助于降低血脂、降低血糖、降低血压、减少体内脂肪、缓解运动疲劳、抗氧化、通便、改善缺铁性贫血、增强免疫力、降低过敏反应、改善睡眠、改善记忆和增加骨密度等功能评价项目。

全书共分十五章，其中第一章、第三章由陈文编写，第二章、第四章至第六章、第十一章至第十五章由郭俊霞编写，第七章至第九章由常平和郭俊霞编写，第十章由张静和郭俊霞编写。

鉴于编写时间仓促、编者水平有限，在编写过程中难免出现疏漏之处，敬请广大同仁和读者批评指正。

编　者
2017 年 10 月

目　　录

第一章 概　　述

一、功能食品的概念

"功能食品"早在20世纪80年代由日本首先提出。1991年日本厚生省修改《营养改善法》的部分条款，颁布了《特定保健用食品许可指南及处理要点》等法规性文件，正式将功能食品定名为"特定保健用食品"。此后，美国（1994年）、中国（1995年）、韩国（2000年）、澳大利亚（1989年）等国纷纷立法，对这类产品进行管理。

目前国际上尚无统一的功能食品定义，各国的管理标准亦不相同。虽然功能食品的概念在世界各国有所不同，但一般认为它应具有三个基本属性：①食品基本属性，即有营养还要保证安全；②功能属性，即对机体的生理机能有一定的良好调节作用；③感官功能，即在摄取过程中使人得到食物色、香、味的享受。

1. 我国的"保健食品"

2005年，原国家食品药品监督管理局发布的《保健食品注册管理办法（试行）》对保健食品作了明确的定义："保健食品是指声称具有特定保健功能或者以补充维生素、矿物质为目的的食品。即适宜于特定人群食用，具有调节机体功能，不以治疗疾病为目的，并且对人体不产生任何急性、亚急性或者慢性危害的食品"。可以看出，这类食品除了具有一般食品皆具备的营养和感官功能（色、香、味、形）外，还具有一般食品所没有或不强调的第三种功能，即调节人体生理活动的功能，故称之为"功能食品"。在我国，功能食品和保健食品同属一个概念，两者可以通用 GB 16470—1997《保健（功能）食品通用标准》，以一套技术法规予以管理，并赋予保健食品标志及保健食品批准文号。

2016年2月27日原国家食品药品监督管理总局颁布了《保健食品注册与备案管理办法》，并于2016年7月1日起实施。

2. 美国功能食品的范畴

目前，美国并无"功能食品"的法律定义，市场上的功能食品是通过现有的食品法规框架进行监管的。根据美国现有食品法律和法规框架，功能食品主要包括下述五大类产品：带有特定声称的常规食品（conventional foods with claims）、膳食补充剂（dietary supplements）、强化食品（fortified, enriched or enhanced foods）、特殊膳食食品（foods for special dietary use）和疗效食品（medical foods）。这些产品一般都在标签上声称食品（或食物成分）与健康的关系，其中，与我国的功能食品类似的是膳食补充剂。

膳食补充剂是"一种旨在补充膳食的产品（而非烟草），可能含有一种或多种如下膳食成分：维生素、矿物质、草本（草药）或其他植物、氨基酸，以增加每日总摄入量而补充的膳食成分，或是以上成分的浓缩品、代谢物、提取物或组合产品等"。纳入1994年批准的"膳食补充剂健康与教育法案（DSHEA）"管理。产品标签上需要标注"膳食补充剂"，可以丸剂、胶囊、片剂或液态等形态口服，但不能代替普通食物或作为膳食的替代品。

3. 日本功能食品的范畴

1991年，日本修改了《营养改善法》，提出了"特定保健用食品"（foods for specified health uses，FOSHU）。其定义为：在日常饮食生活中因特定保健目的而摄取，摄取后能够达到该保健目的并加以标示的食品。这类食品应具备以下特征：食品中的某种成分具有特定的保健作用，食品中的致敏物质已被去除，无论是添加了功效成分、还是去除了致敏物质的食品都必须经过科学论证，产品的功效声称经过厚生省批准，同时产品不得有健康和卫生方面的危险。

2001年，日本又提出了"营养素功能食品（food with nutrient function claims，FNFC）"，并将其和FOSHU一并纳入保健功能食品制度内管理。到目前为止，FNFC包括了12种维生素和5种矿物元素。

二、功能食品的发展

1. 功能食品发展的历史背景

功能食品的出现是人们在解决温饱问题后，对食品提出的一种新需求，人们期望"摄取食品，获得健康"，健康已成为人们生活关注的主题。

采用严格的科学实验，充分证明了食品的保健功能，是功能食品得以蓬勃发展的另一个历史背景。美国是一个典型的例子。1984年以前，美国食品与药物管理局（FDA）对食品有益于人体健康、强调其对人体生理活动的调节一般持反对态度。1984年某企业开发出高纤维"全麸"食品，并在包装上声称，全麸食品中的膳食纤维有助于预防直肠癌。其后美国开始研讨食品和健康的关系。在许多事实证明下，1987年，FDA承认了食品可有益健康，并修改了《食品标签管理条例》，明确了食品中某些成分有益人体健康。1994年美国国会又通过了《膳食补充剂健康与教育法案》。膳食补充剂虽不能明确声称某项保健功能，但服用该类产品确实对身体健康有所裨益。从此美国对这类食品有了明确的法规予以管理，促进了这类食品在美国蓬勃发展。

2. 功能食品的发展阶段

早在20世纪80年代，功能食品作为一个现代产业，随着生理学、生物化学、营养学、生物工程、生物制药、植物化学、食品科学与工程等学科的发展以及人们经济收入和健康意识的提高，逐步发展起来，至今有三十多年的历史。

纵观我国功能食品的发展历史，大体经历了三个阶段，也可称为三代产品。

第一代功能食品,包括各类强化食品,是最原始的功能性食品。仅根据食品中的各类营养素或强化的营养素功能来推断该食品的生理调节功能,但并未对这些功能进行实验予以证实,产品所列功能难以相符,充其量只能算是营养品。目前各发达国家仅将此类食品列入一般食品。我国在《保健食品注册管理办法》实施后,也不允许这类产品以功能食品的面目在市场出现。

第二代功能性食品必须经过人体及动物实验证明该食品中某些营养素或强化的营养素对人体具有某种生理调节功能,即美、日等国强调的真实性与科学性,但往往不知其功效成分及检测数据。目前这代产品在我国市场上占绝大多数。

第三代保健食品,不仅需要经过人体及动物实验证明该产品具有某项保健功能,还需确知具有该项保健功能的功能因子的结构、含量及其作用机理,并要求功能因子在食品中应有稳定形态。目前,美国、日本等发达国家只承认该代产品为"功能食品"。而这类产品在我国市场上仅占少数,而且功能因子的技术资料多数从国外引进,还缺乏我国独自的系统研究工作。

三、功能食品与一般食品和药品的区别

根据我国现行的食品和药品的管理体制,可将食品和药品分为一般食品、保健食品及药品三类(见表1-1)。

表1-1 我国食品和药品的一般分类

药	处方药、非处方药
保健食品	第三代保健食品
	第二代保健食品
	营养素补充剂
食品	新资源食品
	普通食品

1. 新资源食品

新资源食品是指在我国无食用习惯的动物、植物和微生物,或从动物、植物、微生物中分离的在我国无食用习惯的食品原料,或在食品加工过程中使用的微生物新品种,或因采用新工艺生产导致原有成分或者结构发生改变的食品原料。自《保健食品注册管理办法》实施以来,一部分新资源食品经过保健功能检测后,已申报批准为功能食品。

2. 营养素补充剂

单纯以一种或数种经化学合成或从天然动植物中提取的营养素为原料加工制成的食品。

它们与特殊膳食用食品的差异，一是不一定要求以食品作载体；二是补充的营养素是其每日营养素供给量（RDA）的 1/3 ~ 2/3，其中水溶性维生素可达一个 RDA。

营养素补充剂虽然没有确定的保健功能，但至今仍被纳入功能食品管理。

为了加强对营养素补充剂的管理，我国已明确的营养素补充剂仅局限在补充维生素和矿物质，它不得以提供能量为目的。以膳食纤维、蛋白质和氨基酸等营养素为原料的产品，符合普通食品要求的，按普通食品管理，不得声称其保健功能。如声称具有保健功能的，按保健食品有关规定管理。营养素补充剂所加入的营养素即每日推荐摄入量，应在"营养素补充剂中营养素名称及用量表"规定的范围内。

3. 第二、三代保健食品

第二、三代保健食品是真正意义上的功能食品，以声称具有保健功能而区别于一般食品。但功能食品又不同于药品，不以治疗疾病为目的（见图 1 - 1、表 1 - 2）。在具体操作上，大致有以下几点值得注意。

图 1 - 1　食品、保健食品与药品的关系

表 1 - 2　功能食品与药品的比较

项　目	药　品	功　能　食　品
目的	治疗疾病	调节生理功能，增进健康
有效成分	单一、已知	单一或复合 + 未知物质
摄取决定	医生	消费者
摄取时间	生病时	随时（多次）
摄取量	医生决定	较随意（推荐量）
摄取方式	口服、注射、涂抹等	口服
毒性	几乎都有，程度不同	一般无毒
量效关系	严密	不太严格
制品规格	严密	不太严格

（1）有明确毒副作用的药物不宜作为开发功能食品的原料。卫生部已公布的 59 种功能食品禁用的物品名单中，主要是具有较大毒性的中草药资源。对于可用于功能食品的 114 种中草药原料，一个产品中也限制了使用数目，即不能超过 4 种。在名单外的物品，如要作为功能食品的原料，要按食品新资源对待，必须单独进行食品安全性毒理学评价，而且一个产品中不得超过 1 种。

（2）经中药管理部门批准的中成药或已受国家保护的中药配方不能用来开发为功能食品。

（3）功能食品的原料如系中药，其用量应控制在临床用量的 1/2 以下。

总之，需要从适用人群方面来认识功能食品的定位，其与普通食品以及药品的定位是有区别的。普通食品为一般人所服用，人体从中摄取各类营养素，并满足色、香、味、形等感官需求；药物为病人所服用，以达到治疗疾病的目的；而功能食品通过调节人体生理功能，促使机体由亚健康状态向健康状态恢复，达到提高健康水平的目的。

四、功能食品的分类与评价

功能食品因其原料和功能因子的多样性，使其产品类型多样而丰富，在人体生理机能的调节作用、产品生产工艺、产品形态等方面表现各不相同。因此，功能食品的分类有多种方法，我国大多是按调节人体机能的作用来分类的。

1. 按原料的不同分类

功能食品按所选用的原料不同，可分为植物类、动物类和微生物（益生菌）类。目前可选用原料的种类主要在卫生部先后公布的"既是食品又是药品"名录和"允许在保健食品中添加的物品"以及"益生菌保健食品用菌名单"中选择。

2. 按功能因子种类的不同分类

功能食品按功能因子种类的不同，可分为多糖类、功能性低聚糖类、功能性油脂类、自由基清除剂类、维生素类、肽与蛋白质类、益生菌类、微量元素类以及其他（如植物甾醇、皂苷）类功能食品。

3. 按产品形态的不同分类

功能食品按产品形态的不同，可分为饮料类、口服液类、酒类、冲剂类、片剂类、胶囊类和微胶囊类等。目前，我国市场上的功能食品，有的具有传统的食品属性，如保健酒、保健茶等，但大部分是以口服液、胶囊、片剂等药品属性出现。

4. 按保健作用的不同分类

2003 年 4 月，我国卫生部颁发了《保健食品功能学评价程序与检验方法规范》，明确了 2003 年 5 月 1 日起，受理的保健功能分为 27 项。这 27 项保健功能大体可分为两种类型（见图 1－2）。

第一种类型：与某些疾病的"预防""症状减轻"及"辅助药物治疗"有关的保健功能，有 16 项。还可以细分为两类：一类属于病因较复杂的常见病和生活方式性疾病有关的保健功能；另一类属于病因较简单，而且均是由外源性的有害因子作用机体造成的。如电离辐射、缺氧及有害元素或化合物等对人体的损伤，功能食品对这类损伤有一定辅助保护作用。

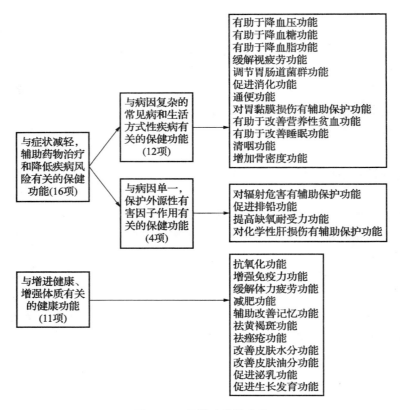

图 1 – 2　保健功能的分类

第二种类型：与增强体质和增进健康有关的保健功能，有 11 项。

2016 年 2 月 27 日原国家食品药品监督管理总局颁布的《保健食品注册与备案管理办法》并于 7 月 1 日起实施，目前正在讨论保健食品的功能目录，将对以上 27 项功能进行调整。

五、功能食品在国民经济与社会发展中的作用

无论是作为一类食品管理，还是以标注"健康声称"的形式管理，近年来功能食品不仅在发达国家得以快速发展，也正成为我国等发展中国家和地区的新的经济增长点。从发展趋势看，功能食品产业在国民经济中的地位将越来越重要。

1. 促进健康、有助于降低医疗费用

近二十年来，由于膳食结构不尽合理，致使我国亚健康人群扩大，非传染性的慢性疾病（血脂异常、高血压、肥胖、糖尿病等）人数剧增。2012 年 5 月，原卫生部发布的《中国慢性病防治工作规划（2012—2015 年)》中指出，伴随工业化、城镇化、老龄化进程加快，我国慢性病发病人数快速上升，现有确诊患者 2.6 亿人，是重大的公共卫生问

题。慢性病病程长、流行广、费用贵、致残致死率高。慢性病导致的死亡已经占到我国总死亡的85%，导致的疾病负担已占总疾病负担的70%，是群众因病致贫返贫的重要原因，若不及时有效控制，将带来严重的社会经济问题。

目前，国民健康状况在很大程度上已经成为国际社会衡量一个国家社会进步的标志，也是反映社会经济状况满意程度的标尺。当今人类医学模式的发展，已由临床医学发展到预防医学和康复医学，人们的医疗观念也由病后治疗型向预防保健型转变。因此，发展功能食品对于提高人民身体健康水平、节约医疗费开支具有重要意义。

2. 有利于带动其他产业的发展

国家发改委、工信部共同发布的《食品工业"十二五"发展规划》中首次将"营养与保健食品制造业"列入了重点发展行业，可以实现以健康为切入点、通过功能食品产业的发展、带动其他产业、形成一个以功能食品产业为龙头、其他产业良性循环的产业辐射效应。如功能食品的原材料可以是大宗农产品及农产品加工的剩余资源，能充分合理地利用农产品资源。因此，功能食品产业在农产品加工领域中最具潜力，最有可能实现农产品的大幅度增值，带动农业发展，促进农村经济和新农村建设。

第二章　功能食品保健功能评价的
实验动物及动物实验设计

在保健食品的研究、开发、评价中选用实验动物或疾病动物模型是最重要的环节之一。根据原卫生部颁布的《保健食品检验与评价技术规范》和原国家食品药品监督管理总局关于《保健食品功能范围调整方案》（征求意见稿），应用于保健食品审评的功能学检测核减为18个项目，其中需要作动物实验的有16项，足见动物实验检验在保健食品功能评价中的重要性。

一、功能食品保健功能评价常用实验动物

1. 实验动物和动物实验

实验动物（laboratory animal，LA）是指由人工饲养、繁育，对其携带的微生物和寄生虫实行控制，来源清楚或遗传背景明确，应用于科学研究、教学、生产和检定以及其他科学实验的动物。实验动物是一个特定的概念，包含以下四个要点：

（1）实验动物必须是人工培养的动物

实验动物是在达到一定标准的环境中，根据科学研究的需要，按照特定的方式、方法经人工培育而成的动物。

（2）实验动物必须遗传背景明确或者来源清楚

实验动物要求有严格的的遗传学控制，以适应不同的实验需要，最大限度地保证实验结果的准确性和可靠性。根据遗传特点的不同，实验动物主要分为近交系、封闭群、杂交群和突变系。

（3）实验动物必须要有严格的微生物学和寄生虫学控制

为确保相关人员和实验动物自身健康以及尽可能地排除微生物和寄生虫对动物实验的干扰，在实验动物繁育和使用过程中，必须对其携带的微生物和寄生虫进行控制。

（4）实验动物必须是用于科学研究、教学、生产、检定以及其他科学实验的动物

动物实验（animal experiment）是指人为地改变环境条件，观察并记录动物演出型的变化，以揭示生命科学领域客观规律的行为。即在实验室内，为了获得有关生物学、医学或其他学科新的知识或解决具体问题而使用动物进行科学研究的行为。

保健食品功能评价往往需要先在实验室进行动物实验，在动物水平检验保健食品所申报功能，确定有相应功能后尚需进行人体试验。因此，动物实验验证保健食品功能是其功能评价中极其重要的环节。

2. 实验动物分类和分级

用于科学实验的动物需遗传背景清楚且符合研究需要的微生物或寄生虫携带等级，因此从遗传学角度和微生物学等级分类角度介绍实验动物的基本分类。

（1）实验动物的遗传控制分类

根据基因类型的不同，实验动物可分为以下四类：

① **近交系**（inbred strain）：经过至少连续 20 代的全同胞兄妹交配或亲子交配培育而成，品系内所有个体都可追溯到第 20 代或以后代数的一对共同祖先，近交系数大于 99%。这类动物个体间差异极小，用于实验重复性好，对各种刺激反应均一，实验结果准确。

② **封闭群或远交群**（closed colony or out bred stock）：以非近亲交配方式进行繁殖生产的一个实验动物种群，再不从其外部引入新个体的条件下，至少连续繁殖 4 代以上。这类动物具有类似人类群体遗传异质性的遗传组成，对实验刺激接近自然种属反应，多用于药物筛选和毒性试验。

③ **杂交群**（hybrids）：由两种不同的近交系杂交所繁殖的第一代杂交动物为系统杂交动物，俗称"F1 代"。这类动物具有一定的杂交优势，生命力强，遗传背景清楚，有一定的遗传特性。来自两个近交系的杂交一代表型一致，对实验反应均一，可重复性也较好。

④ **突变系**（mutant strain）：在繁殖过程中，某一基因突发变异的动物可以通过突变基因的遗传而维持特定的性状。常见的突变等位基因符号如肥胖症 *ob*、裸鼠 *nu*。

（2）微生物学等级分类

实验动物微生物学质量控制是实验动物标准化的主要内容之一，按照微生物学等级分类，我国将实验动物划分为四个等级：

① **普通动物**（conventional animal，CV）：不携带所规定的人兽共患病病原和动物烈性传染病的病原。

② **清洁动物**（clean animal，CL or clean conventional animal，CCV）：除普通动物应排除的病原外，不携带对动物危害大和对科学研究干扰大的病原。

③ **无特定病原体动物**（specific pathogen free animal，SPF）：除清洁级动物应排除的病原外，不携带主要潜在感染或条件致病和对科学实验干扰大的病原。

④ **无菌动物**（germ free animal，GF）：动物身上不可检出一切生命体的动物。

3. 保健食品功能评价的动物选择原则

首先，动物实验过程应达到实验室操作规范（good laboratory practice，GLP）和标准操作程序（standard operating procedure，SOP）要求，技术水平和操作方法都要求标准化，才能保证动物实验结果的可重复性和可比较性。其次，动物实验还需遵循"3R"原则，即减少、替代和优化原则，在必须利用动物进行实验的情况下，还应通过实验方案的合理设计和实验数据的统计分析尽量减少动物使用量。

（1）动物种属的选择

保健食品功能动物实验是为应用于人而做的先前功能试验和筛选，因此实验动物需选用与人的机能、代谢、结构及疾病特点相似的种属。还需要选用解剖、生理特点符合实验目的要求的实验动物。从遗传背景清楚角度，应选择近交系、封闭群、杂交系、突变系动物。为保证实验结果的可靠性和可重复性，应尽量选择标准化的实验动物。

（2）动物级别的选择

保健食品的功能评价的实验动物应该达到二级实验动物的要求，即清洁动物。但从微生物学等级分类标准化角度，应选用三级的实验动物（SPF级），因为SPF级动物已经排除了人兽共患疾病和实验动物本身的传染病，也排除了影响实验研究的相应微生物和寄生虫，使实验研究在没有或很少有外源干扰的情况下进行，更能保证实验数据的可靠性。

（3）动物数量的选择

从统计设计原则可得出某项实验所需的动物数（样本含量），但数值往往很大。基于实验的可操作性及经济原则方面的考虑，通常结合统计学的计算结果与以往的同类研究经验予以确定。

（4）符合一般动物实验的要求

无论选择哪种种属品系的动物进行实验，均要求选择健康的实验动物。健康动物要求达到：外观体形丰满，被毛浓密有光泽、紧贴体表，眼睛明亮，行动迅速，反应灵活，食欲及营养状况良好。

一般保健食品功能评价多选用单性别动物，多数情况下为雄性动物。慢性实验或促生长发育功能的保健食品研究，应选择幼龄动物。而延缓衰老的保健食品功能研究则需选用老龄动物。

4. 保健食品功能评价中常用的实验动物

在保健食品功能评价中使用最广泛的实验动物为大鼠和小鼠。

（1）大鼠（rat）

学名为 rattus norvegicus，属于哺乳纲、啮齿目、鼠科、大鼠属，为野生褐家鼠的变种。大鼠体型较小，遗传学较为一致，对实验条件反应较为近似，常被誉为精密的生物研究工具。

① **生活习性**：大鼠习昼伏夜动的杂食性动物，采食和交配多在夜间和清晨。大鼠门齿较长，终生不断生长，因而喜啃咬。所以喂饲的颗粒饲料要求软硬适中，以符合其喜啃咬的习性。大鼠对外环境的适应性强，成年大鼠很少患病。大鼠性格较温顺，一般不主动攻击人，行动迟缓，易于提取。但被激怒、被袭击或被抓捕时，容易攻击人。大鼠体内缺乏维生素A时，经常咬人，或二鼠咬斗致死。大鼠对外界刺激反应敏感，在高分贝噪声刺激下，常常发生母鼠吃仔现象。故饲养室内应尽量保持安静。

② **解剖学特点**

a）外观：大鼠外观与小鼠相似，但体型较大。成年雄性大鼠身体前部比后部大，雌性大鼠身体相对瘦长，后部比前部大，头部尖小。大鼠尾部被覆短毛和环状角质鳞片。大鼠皮肤缺少汗腺，汗腺仅分布于爪垫上，主要通过尾巴散热。

b) 器官

肺： 大鼠有左肺和右肺，左肺单叶，右肺分为上叶、中叶、下叶和后叶 4 叶。

心脏： 心脏有 4 个腔，即左心房、左心室、右心房和右心室。

胃： 大鼠的胃属单室胃，分为前胃和后胃，前胃壁薄呈半透明状；后胃不透明，富含肌肉和胃腺，伸缩性强。

肠： 肠道分为十二指肠、空肠、回肠、盲肠、结肠、直肠。其中十二指肠、空肠和回肠为小肠。肠全长约 99.4cm～100.8cm，小肠约 80.5cm～81.1cm。

肝： 大鼠肝分为 6 叶，即左叶、左副叶、右叶、右副叶、尾状叶及乳头叶。肝的再生能力极强，被切除 89%～92% 后仍可再生。

大鼠无胆囊，胆管直接与十二指肠相通。

胰腺： 把胃与脾之间的薄膜除去，可见到在其下方有如树枝状的肉色组织，就是胰腺。胰腺呈长条片状，胰腺颜色较暗，质地较坚硬，分为左、右两叶，左叶在胃的后面与脾相连，右叶紧连十二指肠。

肾： 大鼠有左、右肾，均呈蚕豆形，右肾比左肾高。

生殖器官： 雌鼠子宫为呈 Y 型的双子宫，雄鼠副性腺发达。

③ 生理学特征： 一般开放饲养条件下，大鼠寿命为 2.5 年～3 年，无菌大鼠寿命可达 4 年。以人 60 岁为老年年龄，大鼠进入相应老年的时间为 1.7 年，即 20 个月。近交系大鼠与普通大鼠相比，一般生活能力弱，寿命较短。

④ 繁殖特性： 大鼠成熟快，繁殖力强，约在 6 周～8 周龄时达到性成熟，约于 3 月龄时达到体成熟。雌性大鼠为全年多发情动物，其性周期 4d～5d，分为动情前期、动情期、动情后期和动情间期。大鼠妊娠期为 19d～23d，平均 21d，每窝产仔 6 只～12 只；产后 24h 内出现一次发情；哺乳期为 21d～28d，一般情况下可在 21d 离乳，冬季气候寒冷，离乳时间宜定在 25d～28d。大鼠最适交配日龄为雌鼠 80 日龄，雄鼠 90 日龄。

（2）小鼠（mouse）

学名为 mus musculus，在生物分类学上属脊椎动物门、哺乳动物纲、啮齿目、鼠科、小鼠属、小家鼠种。小鼠来源于野生鼹鼠，从 17 世纪开始用于解剖学研究及动物实验。经长期人工饲养选择培育，已育成数千个品系，遍及世界各地。小鼠是生物医学研究中最广泛使用的实验动物，也是当今世界上研究最为详尽的哺乳类实验动物。

① 生活习性： 小鼠性情温顺，易于捕捉，胆小怕惊，对外来刺激敏感，喜居光线暗淡的环境。习惯于昼伏夜动，其进食、交配、分娩多发生在夜间。不耐冷和热，抗病力差。小鼠门齿生长较快，需常啃咬坚硬食物，有随时采食习惯。小鼠为群居动物，群养时雌雄要分开，雄鼠群体间好斗，群体处于优势者保留胡须，而处于劣势者则掉毛，胡须被拔光。小鼠对温湿很敏感，一般以温度 18℃～22℃、相对湿度 50%～60% 最佳。

② 解剖学特点

a) 外观： 小鼠体型小，一般雄鼠大于雌鼠。嘴尖，头呈锥体型，嘴脸前部两侧有触须，耳耸立成半圆形。尾长约与体长相等，健康 90 日龄的昆明种小鼠体长为 90mm ～ 110mm，体重为 35g ～ 55g。小鼠尾长，有平衡、散热、自卫等功能。被毛颜色有白色、野生色、黑色、肉桂色、褐色、白斑等。小鼠被毛滑紧贴体表，四肢匀称，眼睛亮而有神。小鼠无汗腺，尾上有四条明显的血管，主要通过尾巴散热。

b）器官

胃：胃容量小，1.0mL ～ 1.5mL，功能较差，不耐饥饿。

肠：肠道较短，盲肠不发达。肠内能合成维生素 C。

肝：肝脏是腹腔内最大的脏器，分四叶。小鼠有胆囊。

胰腺：胰腺呈弥散状分布在十二指肠、胃底及脾门处，色淡红，不规则，似脂肪组织。

淋巴系统：淋巴系统很发达，包括淋巴管、淋巴结、胸腺、脾脏、外周淋巴结以及肠道派伊尔淋巴集结。脾脏可贮存血液并含有造血细胞，雄鼠脾脏明显大于雌鼠。外来刺激可使淋巴系统增生。

生殖系统：雌鼠生殖系统包括卵巢、输卵管、子宫、阴道等，子宫呈 Y 型。雄鼠生殖系统包括睾丸、附睾、精囊、副性腺、输精管和阴茎等。

③ **生理学特征：**小鼠体型较小，新生仔鼠 1.5g 左右，45d 体重达 18g 以上。健康小鼠寿命可达 18 月 ～ 24 月，最长可达 3 年。小鼠体重的增长、寿命等与品系的来源、饲养营养水平、健康状况、环境条件等有密切关系。近交系小鼠与普通小鼠相比，一般生活能力弱，寿命较短。

④ **繁殖特性：**小鼠成熟早，繁殖力强，新生仔鼠周身无毛，通体肉红，两眼不睁，两耳粘贴在皮肤上。一周开始爬行，12d 睁眼。雌鼠 35d ～ 50d 龄性成熟，配种一般适宜在 65d ～ 90d 龄，妊娠期 19d ～ 21d，每胎产仔 8 只 ～ 12 只。雄鼠在 5 周龄开始生成精子，60 日龄体成熟。

（3）大鼠和小鼠常用生理生化数据

大鼠和小鼠常用生理生化数据见表 2 - 1 ～ 表 2 - 4。

表 2 - 1　大鼠和小鼠一般生理指标

指　标		单　位	小　鼠	大　鼠
饲料量		g/（100g·d）	15	10
饮水量		mL/（100g·d）	15	10 ～ 12
体重		g	25 ～ 30	250 ～ 400
体温		℃	37.7 ～ 38.7（38.0）	37.8 ～ 38.7（38.2）
心率		次/min	328 ～ 780（600）	216 ～ 600（328）
血压	收缩压	mmHg	95 ～ 125（113）	95 ～ 138（111）
	舒张压	mmHg	67 ～ 90（81）	——
注：血压值测定条件小鼠为氨基甲酸乙酯或乙醚麻醉状态下；大鼠不麻醉。括号里为平均值。				

表 2 - 2 大鼠和小鼠一般血生化指标

指　标	单　位	小　鼠	大　鼠
红细胞总数	10^{12} 个/L	7.57 ± 0.98	7.19 ± 0.58
血红蛋白浓度	g/dL	12.62 ± 1.53	14.49 ± 1.08
白细胞总数	10^9 个/L	7.33 ± 2.54	6.93 ± 2.47
血糖	mmol/L	1.60 ± 0.70	3.96 ± 0.83
血总胆固醇	mmol/L	2.67 ± 0.45	1.35 ± 0.34
血总甘油三酯	mmol/L	1.91 ± 0.99	0.67 ± 0.28
注：小鼠为昆明种小鼠，大鼠为 SD 大鼠。			

表 2 - 3 大鼠和小鼠解剖学特点

指　标		单　位	小　鼠	大　鼠
平均体重		g	20	201 ~ 300
肝		%	5.18	4.07
脾		%	0.38	0.43
肾		%	0.88	0.74
心		%	0.5	0.38
肠	全长	cm	99.3 ~ 100.7	99.4 ~ 100.8
	小肠	cm	76.5 ~ 77.3	80.5 ~ 81.1
	盲肠	cm	3.4 ~ 3.6	2.7 ~ 2.9
	大肠	cm	19.4 ~ 19.8	16.2 ~ 16.8

表 2 - 4 大鼠和小鼠一次给药最大耐受剂量　　　　单位：mL

给药方式	小　鼠	大　鼠
灌胃	0.9	5.0
皮下注射	1.5	5.0
肌肉注射	0.2	0.5
腹腔注射	1	2
静脉注射	0.8	4.0

二、实验动物的管理

来源清楚的种子动物、良好的环境控制、标准化的饲料和科学化的管理是培育生产出高品质、标准化实验动物以及获得准确实验研究结果的重要条件，因此必须进行严格的科学化管理。本部分围绕功能性食品中最常用的小鼠及大鼠展开。

1. 实验动物的环境控制

（1）实验动物环境的基本概念

实验动物环境可分为外环境和内环境。外环境是指实验动物设施或动物实验设施以外的周边环境，如气候或其他自然因素、邻近的民居或厂矿单位、交通和水电资源等。内环境是指实验动物设施或动物实验设施内部的环境。内环境又细分为大环境和小环境。前者是指实验动物的饲养间或实验间的整体环境状况，后者是指在动物笼具内，包围着每个动物个体的环境状况，如温度、湿度、气流速度、O_2 和 CO_2 含量、氨及其他气体的浓度、光照、噪声等。

实验动物环境条件对动物的健康和质量，以及对动物实验结果有直接的影响，尤其是高等级的实验动物，环境条件要求严格和恒定。因而，对环境条件人工控制程度越高，并符合标准化的要求，动物实验结果就有更好的可靠性和可重复性，也使同类型的实验数据具有可比较的意义。

（2）影响实验动物环境的因素及其控制

① **气候因素**：包括有温度、湿度、气流和风速等。在普通级动物的开放式环境中，主要是自然因素在起作用，仅可通过动物房舍的建筑座向和结构、动物放置的位置和空间密度等方面来作有限的调控。在隔离系统或屏障、亚屏障系统中的动物，主要是通过各种设备，对上述的因素予以人工控制。在国家制定的实验动物标准中，对各质量等级动物的环境气候因素控制都有明确的要求。

② **理化因素**：包括有光照、噪声、粉尘、有害气体、杀虫剂和消毒剂等。这些因素可影响动物各生理系统的功能及生殖机能，需要严格控制，并实施经常性的监测。

③ **生物因素**：指实验动物饲育环境中，特别是动物个体周边的生物状况。包括有动物的社群状况、饲养密度、空气中微生物的状况等。例如，在实验动物中许多种类都有能自然形成具有一定社会关系群体的特性。对动物进行小群组合时，就必须考虑到这些因素。不同种之间或同种的个体之间，都应有间隔或适合的距离。对实验动物设施内空气中的微生物有明确的要求，动物等级越高要求越为严格。国家标准规定，亚屏障系统设施内空气落下的菌数少于或等于 12.2 个/皿时，屏障系统 2.45 个/皿时，隔离系统 0.49 个/皿时。

（3）实验动物的房舍设施

实验动物设施是实验动物和动物实验设施的总称，是为实现对动物所需的环境条件实行控制目标而专门设计和建造的。实验动物设施依其使用功能的不同，划分为各个功能区域，各自有不同的要求。按照国家标准《实验动物环境与设施》（1994）规定，实验动物环境设施分为四等，控制程度从低到高，依次为开放系统、亚屏障系统、屏障系统和隔离系统。每一系统也均有各自独特的要求，这里不再赘述，可参考国家标准。

从实验鼠类的习性可知，大鼠和小鼠对环境适应性的自体调节能力和疾病抗御能力较其他实验动物差，因此必须根据实际情况给予一个清洁舒适的生活环境，不同等级的鼠应生活在相应的设施中。

（4）实验动物饲养的辅助设施和设备

实验动物饲养的辅助设施和设备是指在动物房舍设施内用于动物饲养的器具和材料，主要包括笼具、笼架、饮水装置和垫料等，以及层流架、隔离罩和运输笼等。这些器具和物品与动物直接接触，产生的影响最直接。

① **笼具和笼架**：在笼外的环境符合质量控制标准的情况下，包围动物小环境的质量很大程度取决于笼具、笼架的情况。笼具要求能对动物提供足够的活动空间，通风和采光良好，坚固耐用，里面的动物不会逃逸，外面的动物不会闯进，操作方便，适合于消毒、清洗和储运。

现在我国普遍采用无毒塑料鼠盒、不锈钢丝笼盖、金属笼架。笼架一般可移动，并可经受多种方法消毒灭菌。用清洁的层流架小环境控制饲养二级、三级实验鼠是一种较好的方法。笼盒既要保证有活动的空间，又要阻止其啃咬磨牙咬破鼠盒逃逸，便于清洗消毒。饮水器可使用玻璃瓶、塑料瓶，瓶塞上装有金属或玻璃饮水管，容量一般为 250mL 或 500mL。

笼架是承托笼具的支架，使笼具的放置合理，有些还设有动物粪便自动冲洗和自动饮水器。要注意笼具和笼架的匹配，方便移动和清洗消毒。

② **动物饲养用的饮水设备**：一般采用饮水瓶、饮水盆和自动动物饮水器。小动物多使用不易破碎的饮水瓶。这些器具的制造材料要求耐高温高压和消毒药液的浸泡。

③ **运输笼和垫料**：我国目前多采用在普通饲养盒外包无纺布的简易运输笼运输实验鼠。

垫料是小鼠生活环境中直接接触的铺垫物，起吸湿（尿）、保暖、做窝的作用。因此垫料应有强吸湿性、无毒、无刺激气味、无粉尘、不可食，并使动物感到舒适。目前采用的动物垫料主要是木材加工厂的下脚料，如多种阔叶树木的刨花、锯末、碎木屑等，玉米轴或秸秆粉碎后也是很好的垫料。但切忌用针叶木（松、桧、杉）刨花做垫料，这类刨花发出具有芳香味的挥发性物质，可对肝细胞产生损害，使药理和毒理方面的实验受到极大干扰。垫料必需经消毒灭菌处理，除去潜在的病原体和有害物质。每周两次更换垫料是很必要的，因为鼠盒的空间有限，鼠的排泄物中含有的氨气、硫化氢等刺激性气体，对饲养员和动物是不良刺激，极易引发呼吸道疾病，同时排泄物也是微生物繁殖的理想场所，如不及时更换，很容易造成动物污染。

2. 实验动物的日常管理

（1）小鼠的日常管理

① **饲养环境**：屏障环境饲养的小鼠经过人们无数代的定向选择，生活习性有了一定的改变，对环境的适应性差，不耐冷热，要求生活在清洁无尘、空气新鲜的环境下，每周应换窝 2 次。

小鼠喜阴暗、安静的环境，对环境温度、湿度很敏感，经不起温度的骤变和过高的温度。温度过高常影响种母鼠的受胎率和仔鼠生长发育。冬季室温过低，不仅会影响种鼠的生长繁殖，且易发生多种疾病。小鼠临界温度为低温 10℃、高温 37℃。饲养环境控制应达到如下要求：温度在 16℃ ~ 26℃，相对湿度 40% ~ 70%，一般小鼠饲养盒内温度比环境高 1℃ ~ 2℃，湿度高 5% ~ 10%。噪声 85dB 以下，氨浓度 20×10^{-6} 以下。通风换气 8 次/h ~ 12 次/h。

② 饲喂： 小鼠胃容量小，随时采食，是多餐习性的动物。成年鼠采食量一般为 3g/d ~ 7g/d，幼鼠一般为 1g/d ~ 3g/d。对于小鼠群养盒，每周应固定两天添加饲料，其他时间可根据情况随时注意添加。灭菌饲料使用料铲给食，不能直接用手拿取。饲料用料斗给食，落在地上的不能使用。饲料不宜给得过多，过多易受微生物污染，最好 2 次给食之间不出现剩余。

饲料在加工、运输、储存过程中应严防污染、发霉、变质，一般的饲料储存时间夏季不超过 15d，冬季不超过 30d。小鼠应饲喂全价营养颗粒饲料，饲料中应含一定比例的粗纤维，使成型饲料具一定的硬度，以便小鼠磨牙。同时应维持营养成分相对稳定，任何饲料配方或剂型的改变都要作为重大问题记入档案。

③ 饮水： 小鼠饮用水为 pH 值为 2.5 ~ 2.8 的酸化水。用饮水瓶给水，每周换水 2 次 ~ 3 次。成年鼠饮水量一般为 4mL/d ~ 7mL/d，要保证饮水的连续不断。也要注意拧紧瓶塞，防止瓶塞漏水造成动物溺死。一般日常饲养应先加水瓶再加饲料以便加饲料时检查有无水瓶漏水，完成当日工作离开饲养室前应再次检查水瓶和饲料。为避免微生物污染水瓶，水瓶灭菌后仅限一次性使用。严禁未经消毒的水瓶继续使用。

实验动物饮用水处理器应当定期清洗维护。定期对滤芯和管路进行清洗或更换。

（2）大鼠的日常饲养管理

① 饲养环境： 大鼠的饲养管理基本与小鼠相同，但要注意以下事项：

a）饲养环境中相对湿度不得低于 40%，避免环尾病的发生。

b）哺乳母鼠对噪声特别敏感，强烈噪声容易引起吃仔现象的发生。

c）由于大鼠体型较大，排泄物多，产生的有害气体也多。因此必须控制大鼠的饲养密度，确保室内通风良好，勤换垫料。

d）大鼠用的垫料除了要注意消毒外，还应注意控制它的物理性能，垫料携带的尘土容易引起异物性肺炎，软木刨花可引起幼龄大鼠的肠堵塞。

e）大鼠体型较大，饲料和饮水的消耗量也大，要经常巡视观察，及时补充。

f）妊娠母鼠容易缺乏维生素 A，要定期予以补充。

② 饲喂： 大鼠随时采食，是多餐习性的动物。成年大鼠的胃容量约为 4mL ~ 7mL。体重为 50g 大鼠的食料量约为 9.3g/d ~ 18.7g/d，注意事项与小鼠相同。

③ 饮水： 大鼠饮用水为 pH 值为 2.5 ~ 2.8 的酸化水。用饮水瓶给水，每周换水 2 次 ~ 3 次。成年鼠饮水量一般为 20mL/d ~ 45mL/d，要保证饮水的连续不断。

（3）观察和记录

实验鼠的饲养管理非常繁琐，要求饲养人员具有高度的责任心，随时检查动物状况，出现问题立即加以纠正。为了使饲养工作有条不紊，必须将各项操作统筹安排，建立固定的操作程序，使饲养人员不会遗漏某项操作，同时也便于管理人员随时检查。

管理人员应观察鼠的饲料/饮水量、活动程度、双目是否有神、尾巴颜色等，记录饲养室温度、湿度、通风状况，记录鼠生产笼号、胎次、出生仔数等。饲养人员必须及时填写，绝不能后补记录。

外观判断动物鼠健康的标准是：①食欲旺盛；②眼睛有神，反应敏捷；③体毛光滑，肌肉丰满，活动有力；④身无伤痕，尾不弯曲，天然孔腔无分泌物，无畸形；⑤粪便黑色呈麦粒状。

（4）清洁卫生和消毒

饲养员进入饲养室前必须更衣，肥皂水洗手并用清水冲洗干净，配戴消毒灭菌的口罩、帽子、手套后方可进入。坚持每月小消毒和每季度大消毒一次的制度。即每月用0.1%新洁尔灭喷雾空气消毒一次，室外用3%来苏尔消毒，每季度用过氧乙酸（0.2%）喷雾消毒鼠舍一次。笼具、食具至少每月彻底消毒一次，鼠舍内其他用具也应随用随消毒。可高压消毒或用0.2%过氧乙酸浸泡。

每周应至少更换两次垫料。换垫料时将饲养盒一起移去，在专门的房间倒垫料，可以防止室内的灰尘和污染。一级以上动物的垫料在使用前应经高压消毒灭菌。要保持饲养室内外整洁，门窗、墙壁、地面等无尘土。垫料、饲料经高压消毒后放到清洁准备间储存，但储存时间不超过15d。鼠盒、饮水瓶每月用0.2%过氧乙酸浸泡3min或高压灭菌。

（5）疾病预防

作为实验动物，实验前应健康无病，所以应积极进行疾病预防工作，而一旦发病则失去了作为实验动物的意义。有疑似传染病的实验鼠应将整盒全部淘汰，然后检测是否确有疾病，再采取相应措施。为了保持动物的健康，必须建立封闭防疫制度以减少鼠群被感染的机会。就实验动物疾病预防，应注意以下几点：①新引进的动物必须在隔离室进行检疫，观察无病时才能与原鼠群一起饲养；②饲养人员出入饲养区必须遵守饲养管理守则，按不同的饲养区要求进行淋浴、更衣、洗手以及必要的局部消毒；③严禁非饲养人员进入饲养区；④严防野生动物（野鼠、蟑螂）进入饲养区。

三、实验动物常用的基本操作

1. 实验动物的抓取方法

正确地抓取固定动物，是为了在不损害动物健康、不影响观察指标、并防止被动物咬伤的前提下，确保实验顺利进行。

（1）小鼠的抓取方法

如图2-1所示，先用右手抓取鼠尾提起，置于鼠笼或实验台上向后拉，在其向前爬行时，用左手拇指和食指抓住小鼠的两耳和颈部皮肤，将鼠体置于左手心中，把后肢拉直，以无名指按住鼠尾，小指按住后腿即可。

（2）大鼠的抓取方法

大鼠的抓取基本同小鼠，只是大鼠比小鼠性情凶猛，不易用袭击方法抓取。为避免咬伤，需带上帆布或棉纱手套。采用左手固定法，用拇指和食指捏住鼠耳，余下三指紧捏鼠背皮肤，置于左掌心中，这样右手可进行各种实验操作。

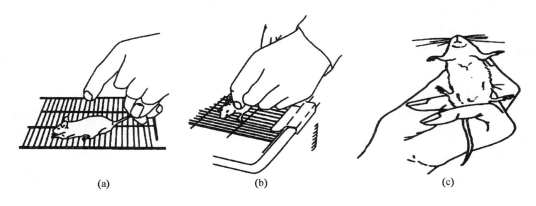

(a)　　　　　　　　　　　(b)　　　　　　　　　　　(c)

图2-1　小鼠抓取操作示意图

2. 实验动物的编号、标记方法

（1）称重

大鼠、小鼠体重秤的感应量需在0.1g以下。根据实验的不同要求，选择一定数量的大鼠、小鼠，体重要求在同一组内、同性别动物体重差异应小于平均体重的10%，不同组间同性别动物体重均值差异应小于5%。

（2）编号

动物编号方法有多种。大鼠、小鼠编号常用方法如下：

① **染色法**：一般采用染料（如苦味酸酒精饱和液）涂擦动物皮毛标记的方法进行编号。具体做法是：用毛笔或棉签蘸取染料溶液涂于动物的不同部位，以苦味酸黄色斑点等染料标记来表示不同号码。一般习惯涂染在左前腿上为1，左腰部为2，左后腿为3，头部为4，背部为5，尾基部为6，右前腿为7，右腰部为8，右后腿为9。如果动物编号超过10，需要编10~100号码时，可采用在上述动物的不同部位，再涂染另一种涂料（如0.5%中性红或品红溶液）斑点，即表示相应的十位数，即左前腿上为10，左腰部为20，以此类推。例如在左前腿上标记有红色和黄色斑点，表示为11，如果红色标记在左前腿上，而黄色标记在左腰部，则为12，以此类推。

② **剪耳法**：在耳朵不同部位剪一小孔代表某个号码。常以右耳代表个位，左耳代表十位。或与染色法配合使用，右耳剪孔代表十位，左耳代表百位。

③ **烙印法**：用刺数钳在动物耳上刺上号码，然后用棉签蘸着溶在酒精中的黑墨在刺号上加以涂抹，烙印前最好对烙印部位预先用酒精消毒。

（3）分组

为了得到客观的剂量-反应关系，应将一群动物按统计学原则随机分配到各个试验组中。可按随机数字表方法进行随机分组。具体做法举例说明如下：

设将30只雄性动物平均分成A、B、C、D、E、F六组，每组5只动物。将已编号的动物以号码按随机数字表进行分配。如选随机数字表第二行，从第一个数字开始，顺次抄下 30 个数字（可依横行、竖行或斜行抄录）。将每个数字一律除以 6（组数），根据余数 1、2、3、4、5、0（整除者）分别将动物分配到 A、B、C、D、E、F 组，结果见表 2-5（数字源自第二行随机数字表）。

表 2-5 动物随机分组表

动物号	1	2	3	4	5	6	7	8	9	10	11	12	13	14	15
随机数字	97	74	24	67	62	42	81	14	57	20	42	53	32	37	32
除 6 余数	1	2	0	1	2	0	3	2	3	2	0	5	2	1	2
分组	A	B	F	A	B	F	C	B	C	B	F	E	B	A	B
动物号	16	17	18	19	20	21	22	23	24	25	26	27	28	29	30
随机数字	27	7	36	7	51	24	51	79	89	73	16	76	62	27	66
除 6 余数	3	1	0	1	3	0	3	1	5	1	4	4	2	3	0
分组	C	A	F	A	C	F	C	A	E	A	D	D	B	C	F

按上述方法分组后，A 组有动物 7 只，B 组 7 只，C 组 6 只，D 组与 E 组各 2 只，F 组 6 只。为了使每组动物数均为 5 只，需要根据随机分配的原则再选出 2 只 A 组和 1 只 C 组动物给 D 组。B 组选出 2 只，F 组选出 1 只给 E 组。具体方法如下：继续抄下随机数字分别除以 A、B、C、F 组的动物数，即 56/7（7 为 A 组动物数）整除，余数为 0，将 A 组第 7 只动物（25 号）调配给 D 组；下一个：50/6（6 为 A 组动物数）余 2，将 A 组第 2 只动物（4 号）调配给 D 组；接下来 26/6（6 为 C 组动物数）余 2，将 C 组第 2 只动物（9 号）给 D 组。余类推。雌性动物也按上法分组，然后将雌、雄动物合组进行试验。

3. 实验动物的被毛去除方法

被毛去除方法有三种：剪毛、拔毛和脱毛。

（1）剪毛

固定动物后，用粗剪刀剪去所需部位的被毛。应注意以下几点：①把剪刀贴紧皮肤剪，不可用手提起被毛，以免剪破皮肤；②依次剪毛，不要乱剪；③剪下来的被毛集中在一个容器内，勿遗留在手术野和操作台周围。

（2）拔毛

多用于大鼠、小鼠尾静脉注射时，需用拇指、食指将局部被毛拔去，以利操作。

（3）脱毛

脱毛系指用化学药品脱去动物的被毛，适用于无菌手术野的准备以及观察动物局部皮肤血液循环和病理变化。常用硫化钡或依据脱毛剂配方配制脱毛剂。

4. 实验动物给药途径和方法

给药的途径和方法多种多样，可根据实验目的动物种类和药物剂型等情况确定。

（1）皮下注射

注射时以左手拇指和食指提起皮肤，将连有针头的注射器刺入皮下。注射部位一般在大腿外侧、内侧、背部、耳根部或腹部。

（2）皮内注射

皮内注射时需将注射的局部脱去被毛，消毒后，用左手拇指和食指按住皮肤并使之绷紧，在两指之间，将连有针头的注射器紧贴皮肤表层刺入皮内，然后再向上挑起并再稍刺入，即可注射药物，此时可见皮肤表面鼓起一白色小皮丘。

（3）肌内注射

肌内注射应选肌肉发达、没有大血管通过的部位，一般多选臀部。注射时垂直迅速刺入肌肉，回抽针栓如无回血，即可进行注射。

（4）腹腔注射

用大鼠、小鼠做实验时，以左手抓住动物，使腹部向上，右手将注射针头于左或右下腹刺入皮下，使针头向前推进 0.5cm ~ 1.0cm，再以 45°角穿过腹肌，固定针头，缓慢注入药液，如图 2-2。

图 2-2　小鼠抓取和腹腔注射操作示意图

（5）静脉注射

小白鼠和大白鼠一般采用尾静脉注射。鼠尾静脉有三根，左右两侧尾静脉比较容易固定，多采用。操作时先将动物固定在鼠筒内或扣在烧杯中，使尾巴露出，尾部用温水浸润或用酒精擦拭，以左手拇指和食指捏住鼠尾两侧，中指从下面托起尾巴，以无名指和小指夹住尾巴的末梢，右手持注射器，使针头与静脉平行，从尾下 1/4 处进针，先缓慢注入少量药液，如无阻力，可继续注入。注射完毕后把尾部向注射侧弯曲以止血或用消毒棉球压迫针眼止血，如图 2-3。

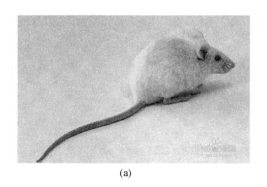
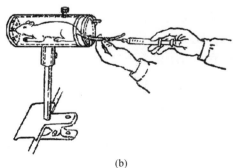

(a)　　　　　　　　　　　　　　　　　(b)

图 2-3　尾静脉注射操作示意图

（6）灌胃

保健食品给药多采用灌胃法，此法剂量准确，适用于小鼠、大鼠等动物。

灌胃时将灌胃针（如图 2-4）安装在注射器上，吸入药液，排空气泡。左手抓住鼠背部及颈部皮肤将动物固定，右手持注射器，将灌胃针插入动物口中，沿咽后壁徐徐插入食管。针插入时应无阻力，若感到阻力或动物挣扎，应立即停止进针或将针拔出，以免损伤或穿破食管及误入气管。

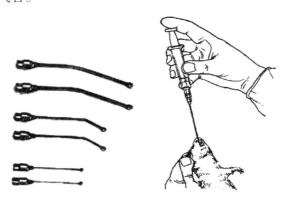

图 2-4　灌胃针和灌胃操作示意图

5. 大鼠小鼠常用采血方法

（1）鼠尾采血方法

适用于需血量少的实验。

方法：将动物固定后，把鼠尾浸入 45℃～50℃温水中使尾静脉充血，擦干皮肤后，再用酒精棉球擦拭消毒。剪去尾尖（约 0.2cm～0.3cm），拭去第一滴血，用血色素吸管（根据需要事先在吸管内加入与不加抗凝剂）吸取一定量尾血，然后用干棉球压迫止血。也可以不剪尾，以 1mL 注射器连上 7 号～8 号针头直接刺破尾静脉进行定量采血。

（2）眼眶静脉丛采血法

操作者以左手拇指、食指紧紧握住大鼠或小鼠颈部压迫颈部两侧使眶后静脉丛充血（注意用力要恰当，以防止动物窒息死亡），右手持玻璃毛细管从一侧眼内眦部以 45°角刺入，捻转前进。如无阻力继续刺入，有阻力就抽出玻璃毛细管调整方向后再刺入，直至出血为止。右手持容器收集血液后，拔出毛细管，用干棉球压迫止血。

（3）腹主动脉或股动（静）脉采血法

此法为一次性采血方法。大鼠、小鼠麻醉后，仰卧位固定动物，剪开腹腔，剥离暴露腹主动脉或暴露股动（静）脉，用注射器刺入采血。

（4）断头采血法

此法可用于大鼠、小鼠。操作者左手握住动物，右手持剪刀，快速剪断头颈部，倒立动物将血液滴入容器。注意防止剪断的毛发掉入接血容器中。也可用大鼠断头器断头后，倒立动物接血。

（5）心脏采血法

将大鼠、小鼠以仰卧位固定，剪去胸前区的皮毛，用碘酒或乙醇消毒皮肤。需在左侧胸 3～4 肋部位剪毛，常规消毒。于第 3～4 肋间，手触心搏最强部位穿刺，采血。采血完毕迅速拔针，用酒精棉球压迫止血。

实验动物每次（日）采血量不可过多，最大安全采血量见表 2－6。

表 2－6   大鼠和小鼠安全采血量

采血量、致死量	小　鼠	大　鼠
最大采血量/mL	0.1	1.0
最小致死量/mL	0.3	2.0

6. 实验动物的处死方法

（1）脊椎脱臼法

左手按住鼠头，右手抓住鼠尾猛力向后拉，使动物颈椎拉断脱节而立即死亡。此法多用于处死小鼠。

（2）断头法

操作者用右手按住大鼠或小鼠头部，左手握住背部，露出颈部，助手用大剪刀或断头器剪断颈部使之死亡。也可使用断头器。

（3）急性大失血法

可用鼠眼眶动脉和静脉急性大量失血法使大鼠、小鼠立即死亡（详见动物的采血方法）。

（4）击打法

右手抓住鼠尾，提起，用力摔打其头部，鼠痉挛后立即死亡。也可用小木锤或器具猛力击打动物头部，使其立即死亡，常用于处死大鼠。

（5）麻醉致死法

在密闭容器中预先放入麻醉剂（氯仿或乙醚），然后将动物放入，密封盖好，使动物吸入过量麻醉剂致死。

（6）麻醉后急性放血法

此法多用于处死大鼠。先腹腔注射麻醉动物后，固定动物于仰卧位，左手持镊子提起大腿内侧皮肤，右手用剪刀作一切口并向腹股沟方向剪开皮肤，皮肤切口长约 3cm～4cm。用镊子分离筋膜，于腹股沟中点大腿内侧深部，暴露股动脉和静脉，用剪子剪断股动脉即有大量血液流出，动物迅速死亡。

四、功能食品保健功能评价的一般动物实验设计

1. 实验动物和实验分组

根据所评价功能项实验的具体要求，合理选择实验动物，实验动物和动物操作都应符合国家对实验动物的有关规定。功能食品保健功能评价实验常用大鼠和小鼠，品系不限，

推荐使用近交系动物。动物的性别和年龄依实验需要进行选择。

给予受试样品的动物组为实验组，一般实验组至少应设 3 个剂量组。如果实验是在疾病动物模型进行那么还应该有模型对照组，必要时可设阳性对照组和/或空白对照组。以载体和功效成分（或原料）组成的受试样品，当载体本身可能具有相同功能时，应将该载体作为对照。一般实验动物要求单一性别，多选雄性鼠。实验动物的数量要求为小鼠每组 10 只 ~ 15 只（单一性别），大鼠每组 8 只 ~ 12 只（单一性别）。

2. 实验剂量和实验时间

剂量选择应合理，尽可能找出最低有效剂量。在 3 个剂量组中，其中一个剂量相当于人体推荐摄入量（折算为每千克体重的剂量）的 5 倍（大鼠）或 10 倍（小鼠），且最高剂量不得超过人体推荐摄入量的 30 倍（特殊情况除外）。受试样品的功能实验剂量必须在毒理学评价确定的安全剂量范围内。

给予受试样品的时间应根据具体实验而定，一般为 30d，必要时可以延长至 45d 甚至 60d。当给予受试样品的时间已达到 30d 或 60d 而实验结果仍为阴性时，则可终止实验。

3. 受试样品的处理和给予

受试样品必须经口给予的首选方式为灌胃。如无法灌胃则加入饮水或掺入饲料中，计算受试样品的给予量。

受试样品推荐量较大、超过实验动物的灌胃量和掺入饲料的承受量等情况时，可适当减少受试样品的非功效成分含量。对于含乙醇的受试样品，原则上应使用其定型的产品进行功能实验，其 3 个剂量组的乙醇含量与定型产品相同。如受试样品的推荐量较大，超过动物最大灌胃量时，允许将其进行浓缩，但最终的浓缩液体应恢复原乙醇含量，如乙醇含量超过 15% 则允许将其含量降至 15%。调整受试样品乙醇含量应使用原产品的酒基。

液体受试样品需要浓缩时，应尽可能选择不破坏其功效成分的方法。一般可选择60℃ ~ 70℃减压进行浓缩。浓缩的倍数依具体实验要求而定。对于以冲泡形式饮用的受试样品（如袋泡剂），可使用该受试样品的水提取物进行功能实验，提取的方式应与产品推荐饮用的方式相同。如产品无特殊推荐饮用方式则采用下属提取条件：常压，温度 80℃ ~ 90℃，时间为 30min ~ 60min，水量为受试样品体积的 10 倍以上，提取 2 次，将其合并浓缩至所需浓度。

4. 保健食品动物实验功能评价基本流程

按照上述基本原则，保健食品动物实验功能评价基本流程如图 2 - 5 所示。根据不同功能评价要求，选择适当的实验动物，按需要构建疾病动物模型。分组饲喂受试保健食品，通常以灌胃形式给予，或者添加于饮水或饲料中，一般给予时间为 30d ~ 60d，收集生物样本（如血样、器官）进行实验室项目/指标检测。整理获得的实验数据并经统计学分析，以判定检测指标是否发生变化，最终根据结果评判该功能食品是否具有该项保健功能。

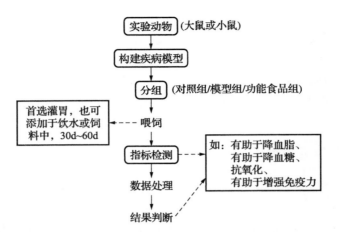

图 2 - 5　保健食品动物实验功能评价基本流程

第三章 有助于降低血脂功能

一、血浆脂蛋白的分类、组成及其功能

血浆中的脂类统称为血脂，主要包括甘油三酯（Triglyceride，TG）、磷脂（Phospholipid）、胆固醇（Cholesterol，C）及胆固醇酯等。血脂虽然只占机体脂类的极少部分，但在代谢中却非常活跃，在一定程度上反映了机体脂质代谢的状况，有利于疾病的诊断和对一些疾病易患性的评估。因此，血脂测定广泛地应用于临床检测。

脂质生理功能的完成有赖于其在血液中的运转，但脂质不溶于水，主要和载脂蛋白结合形成可溶性的生物大分子血浆脂蛋白而运输。因此高血脂症实际上是高脂蛋白血症。

1. 血浆脂蛋白的分类

血浆脂蛋白有电泳分类法和密度分类法两种方法。

（1）电泳分类法

不同密度的脂蛋白所含蛋白质的表面电荷不同，在电场中的迁移率的快慢不同，根据血浆脂蛋白在电泳时迁移率的大小，将其分为以下 4 类（图 3 - 1）：

① 乳糜微粒（chylo micron，CM），停留原点。

② α - 脂蛋白，在 α_1 - 球蛋白位置。

③ β - 脂蛋白，在 β - 球蛋白位置。

④ 前 β - 脂蛋白，在 β - 脂蛋白前，α_2 - 球蛋白位置。

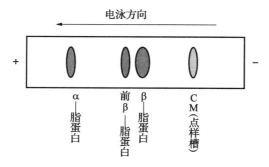

图 3 - 1　正常血清脂蛋白琼脂糖电泳图谱

（2）密度分类法

各类脂蛋白具有不同的化学组成，由于脂质和蛋白质密度的不同和组成比例的差异，

使得不同脂蛋白具有独特的密度，并随蛋白质组成比例的增加而升高。所含蛋白质越多，密度越大。在不同密度的盐溶液中血浆经过超速离心，脂蛋白可按密度大小漂浮于盐溶液中。应用超速离心法可将血浆脂蛋白按其分子密度分为以下 4 类：

① 乳糜微粒（chylo micron，CM）密度（g/mL）<0.95。

② 极低密度脂蛋白（very low density lipoprotein，VLDL）密度（g/mL）=0.95～1.006。

③ 低密度脂蛋白（low density lipoprotein，LDL）密度（g/mL）=1.006～1.063。

④ 高密度脂蛋白（high density lipoprotein，HDL）密度（g/mL）=1.063～1.210。

两种分类方法的对应关系及各类脂蛋白的基本特征见表 3 - 1。

表 3 - 1   血浆脂蛋白的分类和平均大小（金宗濂，功能食品教程，2005）

密度分类法	电泳相当位置	主要载脂蛋白	颗粒直径/nm
乳糜微粒（CM）	原点	ApoB、ApoA	86～500
极低密度脂蛋白（VLDL）	前 β - 脂蛋白	ApoB	30～80
低密度脂蛋白（LDL）	β - 脂蛋白	ApoB	20～30
高密度脂蛋白（HDL）	α - 脂蛋白	ApoA I 、ApoA II 、ApoC	9～12

2. 血浆脂蛋白组成

血浆脂蛋白主要由蛋白质（载脂蛋白，有的含有少量糖类）、甘油三酯、胆固醇及其酯和磷脂组成。各类脂蛋白都含有这 4 类成分，但各类成分的比例大不相同（表 3 - 2）。

表 3 - 2   血浆脂蛋白的组成   质量分数/%

脂蛋白	蛋白质	甘油三酯	游离胆固醇	胆固醇酯	磷脂	非酯化脂肪酸	糖类
乳糜微粒（CM）	2	86	1	3	8	0～1	<1
极低密度脂蛋白	10	55	10	4	20	1～3	<1
低密度脂蛋白	25	12	9	35	18	1	～1
高密度脂蛋白	50	5	3	15	25	2～6	<1

血浆脂蛋白的蛋白质部分称之载脂蛋白（Apolipoprotein，Apo），多具有双性（螺旋结构，沿着螺旋轴存在亲脂的非极性面和亲水的极性面）。这种结构有利于载脂蛋白结合脂质，稳定脂蛋白的结构，完成其结合和转运脂质的功能。

目前，已发现载脂蛋白有 20 多种，可分为 A、B、C、D、E 等几大类，有的又可分为若干亚类。如 ApoA 可分为 A I 、A II 、A IV；ApoB 可分为 B - 48、B - 100；ApoC 可分为 C I 、C II 、C III；ApoE 有 E - 2、E - 3 等（见表 3 - 3）。

不同脂蛋白间脂质组成主要是量的不同，较少有质的差异。而不同脂蛋白间载脂蛋白不仅有量的不同，更具有明显的质的差异。正是载脂蛋白组成的差异导致不同脂蛋白代谢途径和生理功能的不同。

表 3 - 3　　人主要载脂蛋白的功能

Apo	主　要　来　源	主　要　功　能
A I	肠、肝	激活 LCAT
A II	肠、肝	抑制 LCAT
B48	肠	促进 CM 合成
B100	肝	LDL 受体配体
C II	肝	激活 LPL
C III	肝	抑制 LPL
E	肝	CM 受体配体

载脂蛋白除载脂功能外，还有其他功能。如 ApoA I 可激活磷脂酰胆碱 - 胆固醇酰基转移酶（Lecithin - cholesterol acyltransferase，LCAT）；ApoC II 可激活脂蛋白酯酶（Lipoprotein Lipase，LPL）；ApoB、ApoE 可促进脂蛋白与细胞膜表面受体结合。所有载脂蛋白均可在肝脏合成，小肠黏膜细胞可合成 ApoA I 、ApoA II 。

3. 血浆脂蛋白的结构

一般认为，血浆脂蛋白具有类似的结构：呈球状，在颗粒表面是极性分子（如蛋白质和磷脂），故具有亲水性，非极性分子（如甘油三酯、胆固醇及胆固醇酯）则隐藏于内部。磷脂极性部分可和蛋白质结合，非极性部分可和脂类结合，作为连接蛋白质和其他脂类的桥梁，如图 3 - 2。

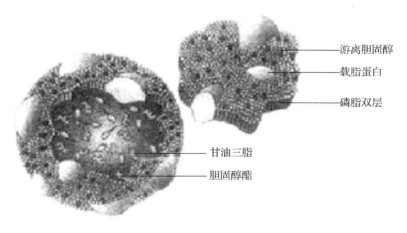

图 3 - 2　脂蛋白结构

4. 血浆脂蛋白的代谢

脂蛋白是血液中脂质的运输形式，与细胞膜受体结合被摄入细胞内进行代谢。其代谢是一个相当复杂的生化过程，涉及脂蛋白分子本身、参与脂蛋白代谢的酶类和脂蛋白受体等。并且各类血浆脂蛋白的代谢也不是彼此孤立，而是相互关联的，如脂蛋白之间载脂蛋白和脂质成分的穿梭和交换。

（1）乳糜微粒（CM）的代谢

CM 由小肠黏膜细胞合成，是机体转运膳食甘油三酯的主要形式。小肠黏膜细胞自膳食中吸收摄取的甘油三酯、磷脂和胆固醇与细胞核糖体合成的 ApoB - 48 等组装成新生的 CM，还含有少量的 ApoA I、A II。新生的 CM 经淋巴系统进入血液循环。在血液循环中，CM 载脂蛋白的组份迅速改变。CM 从 HDL 获得转运来的 ApoC 和 ApoE，ApoC II 激活末梢血管内皮细胞表面的脂蛋白脂肪酶（LPL），将 CM 中的 TG 逐步水解成甘油和游离脂肪酸，供组织摄取利用。随着 LPL 的反复作用和甘油三酯的水解、释放，CM 颗粒明显变小，胆固醇和胆固醇酯的含量逐渐增加，其外层的 ApoC 和 ApoA 离开 CM 转至 HDL，而 ApoE 和 ApoB - 48 仍然保留在 CM，CM 转变成 CM 残粒。CM 残粒与肝细胞表面的 ApoE 受体结合，被肝细胞摄取并代谢利用，如图 3 - 3。

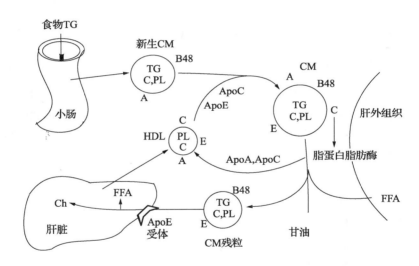

图 3 - 3　CM 的代谢

CM 进入体循环迅速被代谢，半衰期不足半小时。可见，CM 的主要作用是运送外源性的甘油三酯（来源于饮食）至肝和脂肪组织。在运送途中逐步释放出脂肪酸。其残余部分富含胆固醇，被肝脏所摄取，使肝内胆固醇增加，可抑制新的胆固醇合成（因反馈性抑制 β - 羟 - β - 甲戊二酰辅酶 A 还原酶——胆固醇合成限速酶）。由于 CM 颗粒较大，不能进入动脉壁，一般不会导致动脉粥样硬化。

LPL 是由肝外组织细胞合成的，通过氨基多糖锚定于毛细血管内皮细胞的血管腔面。

（2）极低密度脂蛋白（VLDL）

VLDL 在肝脏合成，是机体转运内源性三酰甘油的主要形式。肝细胞利用自身合成的 ApoB - 100 和 ApoE 与三酰甘油、磷脂及胆固醇组装成新生的 VLDL，并直接分泌入血液循环。

新生的 VLDL 接受来自 HDL 的 ApoC Ⅱ，后者是 LPL 的激活剂。在 LPL 作用下，甘油三酯被水解成脂肪酸，被组织摄取利用。随着甘油三酯不断释放，VLDL 颗粒变小，载脂蛋白、磷脂和胆固醇的含量逐渐增加，颗粒密度加大，由 VLDL 转变为中间脂蛋白（IDL），一部分 IDL 通过 ApoE 介导的受体代谢途径为肝细胞摄取利用，另一部分 IDL 进一步受 LPL 的作用，转变为密度更大且仅含一个 ApoB – 100 分子的 LDL，如图 3 – 4。

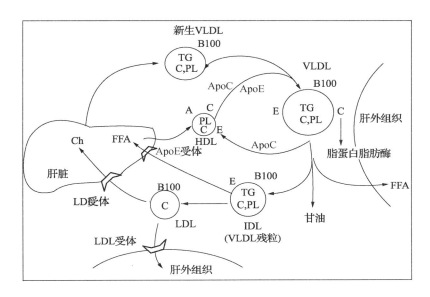

图 3 – 4　VLDL 的代谢

VLDL 颗粒较 CM 小，约 30nm ~ 80nm，密度较 CM 高。其中甘油三酯由肝脏利用脂肪酸和葡萄糖合成，故为内源性甘油三酯。

VLDL 的功能是将内源性甘油三酯运送至肝外组织，它是 LDL 的前体。其中 ApoB 含量恒定。ApoC 和 E 又被送至 HDL，其含量逐渐减少。VLDL 的半衰期为 6h ~ 12h。血浆中 VLDL 的水平升高是冠心病危险因素。

（3）低密度脂蛋白（low density lipoprotein，LDL）

LDL 是由 VLDL 转变来的，其颗粒较 VLDL 更小，约 20nm ~ 30nm，密度较 VLDL 高。主要含有内源性胆固醇，ApoB 占蛋白质的 95%。LDL 是血浆运送胆固醇及其酯到全身组织的主要形式。虽然全身的组织细胞都能自身合成胆固醇，但多数仍不同程度地需要肝脏合成的胆固醇供给和补充。LDL 的半衰期为 2d ~ 4d，其主要功能是转运肝脏胆固醇到肝外组织。

受体介导途径是 LDL 代谢的主要途径。首先，组织细胞膜上有 LDL 受体，是一种糖蛋白。LDL 与其受体通过结合和内吞进入细胞。与细胞内溶酶体融合，经过溶酶体内水解酶的作用，使蛋白质水解为氨基酸，为细胞所利用。胆固醇酯水解为脂肪酸和胆固醇。胆固醇可供细胞利用，并且反馈性地抑制 β – 羟基 – β – 甲戊二酰辅酶 A 还原酶的活性，从而抑制细胞内胆固醇合成，使机体胆固醇总体水平不至过高。其次，激活胆固醇酰基转移酶（cholesterol acyl transferase，ACAT），促使胆固醇本身再酯化，使过剩的胆固醇变成酯的形式贮存。再次，在转录水平上抑制细胞 LDL 受体蛋白的合成，减少细胞对 LDL 的结合与内吞，从而减少细胞对胆固醇的摄取和利用。另外，约 1/3 的胆固醇是通过巨噬细胞等非受体途径进入细胞的，如图 3 - 5。

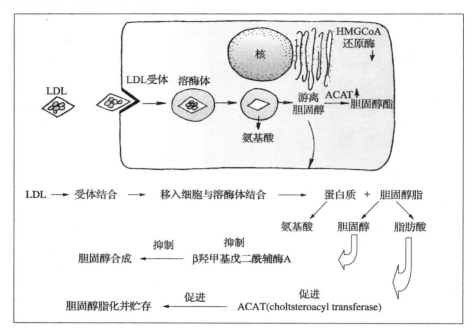

图 3 - 5　LDL 的代谢

　　临床上血浆 LDL 水平升高与心血管疾病患病率和死亡率升高有关。LDL 由于颗粒小而密度高，更易进入动脉壁，沉积于动脉或容易潴留于动脉壁细胞外基质，而且容易氧化成 ox - LDL，后者是致动脉粥样硬化的主要因子。

　　（4）高密度脂蛋白（High density lipoprotein，HDL）

　　HDL 主要由肝脏合成，小肠也能少量合成。HDL 颗粒最小，约 9nm ~ 12nm，密度最高，在血浆中的半衰期为 3d ~ 5d。新生的 HDL 呈盘状，主要由含 ApoA 和游离胆固醇的磷脂双层构成，其中 ApoA I 可激活 LCAT。

　　HDL 进入血液循环后，在 LCAT 的作用下胆固醇接受磷脂酰胆碱第 2 位上的酰基，变成胆固醇酯。胆固醇酯因失去极性而移入 HDL 的非极性脂质核心，形成 HDL 和外周组织间游离胆固醇的浓度梯度，促进外周组织游离胆固醇向 HDL 的流动。随着 LCAT 的反复作用，进入 HDL 内部的胆固醇酯增多，盘状的 HDL 逐渐转化为成熟的球状 HDL。成熟的 HDL 可被肝细胞的 ApoA I 受体结合和摄取，将其内部的胆固醇及其酯带至肝脏，由肝脏代谢清除。与 LDL 转运胆固醇的方向相反，HDL 是将胆固醇由肝外组织运回肝脏，因此称为胆固醇的逆向转运，如图 3 - 6。

　　血液中 LDL 和 HDL 的水平常用胆固醇含量表示，即 LDL - C 和 HDL - C。HDL - C 的

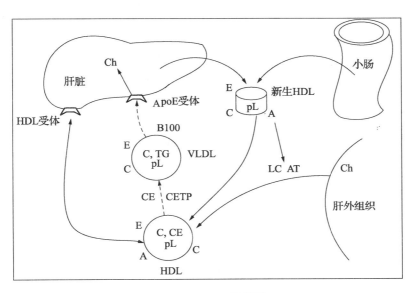

图 3 – 6　HDL 的代谢

水平越高，表示机体逆向转运胆固醇的能力越强，动脉血管壁等外周组织胆固醇蓄积的可能性就越小。因此，HDL 被认为是抗动脉粥样硬化因子。

二、高血脂症及高血脂动物模型制备

1. 高血脂症

临床上的高脂血症可表现为高胆固醇血症（hypercholesterolemia）、高甘油三酯血症（hypertriglyceridemia）或两者兼有之（混合高血脂症）。目前认为，中国人血清中总胆固醇（TC）含量小于 5.20mmol/L（200mg/dL）为合适范围，5.23mmol/L ～ 5.69mmol/L（201mg/dL ～ 219mg/dL）为边缘升高，大于 5.72mmol/L（220mg/dL）为升高。甘油三酯（TG）含量小于 1.70mmol/L（150mg/dL）为合适范围，大于 1.70mmol/L（150mg/dL）为升高。

由于逐渐认识到血浆中高密度脂蛋白降低也是一种脂质代谢紊乱，因而可将上述各种脂质代谢的紊乱统称血脂异常（dyslipidemia）。临床上血浆脂蛋白正常范围：高密度脂蛋白胆固醇 HDL – C 大于 1.04mmol/L（40mg/dL）为合适范围，小于 0.91mmol/L（35mg/dL）为减低；低密度脂蛋白胆固醇 LDL – C 的合适范围为 < 3.12mmol/L（120mg/dL），3.15mmol/L ～ 3.61mmol/L（121mg/dL ～ 139mg/dL）为边缘升高，大于 3.64mmol/L（140mg/dL）为升高。

2. 高血脂的危害

在正常情况下，人体脂质的合成与分解保持一个动态平衡，在一定范围内波动。如果血脂过多，容易造成"血稠"，在血管壁上沉积，逐渐形成小斑块（即"动脉粥样硬化"），这些"斑块"增多、增大，逐渐堵塞血管，使血流变慢，严重时血流被中断。这种情况如果发生在心脏，就引起冠心病；发生在脑，就会出现脑卒中；如果堵塞眼底血管，将导致视力下降、失明；如果发生在肾脏，就会引起肾动脉硬化、肾功能衰竭。

关于动脉粥样硬化（Athero sclerosis，AS），有多种学说从不同角度进行了阐述，如脂肪浸润学说、血栓形成和血小板聚集学说、损伤反应学说等。其基本病变是动脉内膜的脂质沉积、内膜灶状纤维化、粥样斑块的形成，导致管壁变硬、管腔狭窄，并引起一系列继发性病灶。可以认为，动脉粥样硬化是动脉壁的细胞、细胞外基质、血液成分、局部血液动力学、环境和遗传等诸因素间一系列复杂作用的结果。虽然 AS 的确切病因目前尚不清楚，但高脂血症被视为是引发动脉粥样硬化的主要危害因素。此外，高血脂可引发高血压，诱发胆结石、胰腺炎，加重肝炎等疾病。

3. 高血脂大鼠模型的制备

【操作步骤】在实验环境下喂饲大鼠基础饲料，观察 5d ~ 10d 后，取尾血，测定血清总胆固醇（TC）水平作为基础值。给予大鼠高脂饲料（78.8% 基础饲料、1% 胆固醇、10% 蛋黄粉、10% 猪油、0.2% 胆盐。），喂饲 2 周后，取尾血，再次测定血清 TC 水平，与喂饲高脂饲料前相比较，以确定是否已形成高脂血症模型。

【模型评价】饲喂高脂饲料大鼠血 TC 显著高于正常饲料大鼠，且显著高于其自身基础值，可作为高血脂模型大鼠。

三、有助于降低血脂功能的评价指标及结果分析

1. 降血脂功能评价动物实验方案

可以通过两种方式对受试样品的辅助降血脂功效进行评价。

（1）造模与给予受试物同时进行

在实验环境下喂饲大鼠基础饲料，观察 5d ~ 10d 后，取尾血，测定血清总胆固醇（TC）水平。根据体重和血清 TC 水平随机分组，分为正常对照组、高脂对照组、三个剂量受试样品组等 5 组，8 只/组 ~ 12 只/组。

正常对照组：基础饲料，自由饮水摄食。

高脂对照组：高脂饲料，每日灌胃溶解受试样品的溶剂，自由饮水摄食。

各受试样品组：高脂饲料，每日灌胃不同剂量的受试样品，自由饮水摄食。

定期称量大鼠体重。30d ~ 45d 后，各组大鼠禁食 16h，采血，测定血清 TC、TG、HDL - C 水平。

（2）造模后给予受试物

诱导建立高血脂模型大鼠，确认造模成功后，根据体重和血清 TC 水平，将大鼠随机分为高脂对照组、三个剂量受试样品组等 4 组，8 只/组 ~ 12 只/组。各组继续给予高脂饲料，受试样品经口灌胃，高脂对照组给同体积的溶剂。定期称量大鼠体重，30d ~ 45d 后，各组大鼠禁食 16h，采血，测定血清 TC、TG、HDL - C 水平。

2. 结果分析

（1）有助于降低 TG 结果判定

① 有二个剂量组 TG 结果阳性；或②一个剂量组 TG 结果阳性，同时 HDL – C 显著高于对照组，即可判定该受试样品有助于降低 TG 动物实验结果阳性。

（2）有助于降低 TC 结果判定

① 有二个剂量组 TC 结果阳性；或②一个剂量组 TC 结果阳性，同时 HDL – C 显著高于对照组，即可判定该受试样品有助于降低 TC 动物实验结果阳性。

（3）有助于降血脂功能结果判定

受试样品组大鼠血清 TC、TG 水平若显著低于高脂对照组，即可判定该受试样品有助于降血脂功能动物实验结果阳性。

四、评价指标的测定原理和实验方法

1. 血清 TC 的测定

【测定原理】本实验以酶法测定血清中总胆固醇含量。即以胆固醇酯酶（cholesterol esterase，CE）水解胆固醇酯产生游离脂肪酸和胆固醇。生成的胆固醇再经胆固醇氧化酶（cholesterol oxidase，CO）氧化生成胆烷 – 4 – 烯 – 3 – 酮和过氧化氢。过氧化氢在过氧化物酶（peroxidase，POD）的催化下使酚和 4 – 氨基安替吡啉反应生成红色的亚胺醌。其颜色的深浅与胆固醇的含量成正比。分别测定标准管和样本管的吸光值，计算样品中胆固醇含量。主要反应过程如下：

$$胆固醇酯 + H_2O \xrightarrow{CE} 胆固醇 + 脂肪酸$$

$$胆固醇 + O_2 \xrightarrow{CO} 胆烷 – 4 – 烯 – 3 – 酮 + H_2O_2$$

$$H_2O_2 + 酚 + 4 – 氨基安替吡啉 \xrightarrow{POD} 红色的亚胺醌 + H_2O$$

【仪器与试剂】仪器包括恒温水浴锅、紫外/可见分光光度计。试剂采用试剂盒测定，以某公司的总胆固醇试剂盒为例，其中包括：

① 缓冲液：以磷酸盐缓冲液溶解的苯酚溶液，10mmol/L，pH 值为 7.5 ±0.2。

② 酶剂（冻干粉）：其中包含胆固醇酯酶（>100U/L）、胆固醇氧化酶（>80U/L）、过氧化物酶（>625U/L）、4 – 氨基安替吡啉（1.8mmol/L）。

③ 胆固醇标准液：胆固醇浓度 200mg/dL（5.17mmol/L）。

【实验步骤】

① 以缓冲液将酶剂全部溶解，配制成工作液，稳定 10min 后使用。

② 按表 3 –4 操作。

③ 各管混合均匀后于 37℃保温 20min，1cm 光径比色杯，空白管调零，500nm 下测定各管吸光值。

【结果计算】按下式计算样品中胆固醇含量：

$$胆固醇含量 = \frac{A_{样品}}{A_{标准}} \times 标准溶液浓度$$

表 3 - 4　操作

加入物	空白管	标准管	样本管
标准液/mL	—	0.02	—
血清/mL	—	—	0.02
工作液/mL	2.0	2.0	2.0

2. 血清 TG 的测定

【测定原理】本实验以磷酸甘油氧化酶法测定血清中甘油三酯的含量。甘油三酯经脂蛋白脂肪酶（lipoprteinlipase，LPL）水解产生甘油和游离脂肪酸。以 ATP 供能，甘油在甘油激酶（glycerokinase，GK）的作用下生成磷酸甘油。磷酸甘油经磷酸甘油氧化酶（glycerol - 3 - phosphate oxidase，GPO）作用生成磷酸二羟丙酮和过氧化氢。过氧化氢在过氧化物酶（peroxidase，POD）的催化下使酚和 4 - 氨基安替吡啉反应生成红色的亚胺醌。其颜色的深浅与样品中甘油三酯的含量成正比。分别测定标准管和样本管的吸光值，计算样品中甘油三酯含量。主要反应过程为：

$$甘油三酯 \xrightarrow{LPL} 甘油 + 脂肪酸$$

$$甘油 + ATP \xrightarrow{GK} 3 - 磷酸甘油 + ADP$$

$$3 - 磷酸甘油 + H_2O + O_2 \xrightarrow{GPO} 磷酸二羟丙酮 + H_2O_2$$

$$H_2O_2 + 酚 + 4 - 氨基安替吡啉 \xrightarrow{POD} 红色的亚胺醌 + H_2O$$

【仪器与试剂】仪器包括恒温水浴锅、紫外/可见分光光度计。试剂采用试剂盒测定，以某公司的甘油三酯试剂盒为例，其中包括：

① 缓冲液：以 0.1mol/L Tris 缓冲液溶解的 2,4 - 二氯苯酚溶液，终浓度为 2mmol/L。

② 酶剂（冻干粉）：其中包含脂酶（≥3000U/L）、甘油激酶（≥200U/L）、甘油磷酸氧化酶（≥2500U/L）、过氧化物酶（≥300U/L）、腺苷三磷酸二钠（0.5mmol/L）、4-氨基安替吡啉（0.75mmol/L）（注：U 为酶活力单位）。

③ 甘油三酯标准液：甘油三酯浓度 200mg/dL（2.26mmol/L）。

【实验步骤】

① 以缓冲液将酶剂全部溶解，配制成工作液，稳定 10min 后使用。

② 按表 3 -5 操作。

③ 各管混合均匀后于 37℃ 保温 5min，1cm 光径比色杯，空白管调零，500nm 下测定各管吸光值。

【结果计算】按下式计算样品中甘油三酯含量：

$$甘油三酯含量 = \frac{A_{样品}}{A_{标准}} \times 标准溶液浓度$$

表3-5　操作

加入物	空白管	标准管	样品管
标准液/mL	—	0.01	—
血清/mL	—	—	0.01
工作液/mL	1.0	1.0	1.0

3. 血清 HDL-C 的测定

【测定原理】在血清样品中加入适量沉淀剂，使血清和沉淀剂的混合物分成上清液和沉淀两部分，上清液中包含高密度脂蛋白胆固醇。因此以酶法测定上清液中的胆固醇含量（测定原理见血清 TC 测定），即为血清样品中高密度脂蛋白胆固醇含量。

【仪器与试剂】仪器包括恒温水浴锅、低速离心机、紫外/可见分光光度计。试剂采用试剂盒测定，以某公司的 HDL-C 试剂盒为例，其中包括：

① 试剂Ⅰ：其中包含胆固醇酯酶（≥400U/L）、胆固醇氧化酶（≥500U/L）、过氧化物酶（≥200U/L）、4-氨基安替吡啉（1.0mmol/L）。

② 试剂Ⅱ：以 0.1mol/L 磷酸盐缓冲液溶解的 3,5-二氯-2-羟基苯磺酸溶液，终浓度 4mmol/L。

③ 试剂Ⅲ：其中包含 4.4g/L 的磷钨酸，11.0g/L 氯化镁。

④ 胆固醇标准液：胆固醇浓度 50mg/dL（1.29mmol/L）。

【实验步骤】

① 取血清样品与试剂Ⅲ按 1:1 混合（体积比），充分混合均匀后室温（低于30℃）下放置 15min。以 3000r/min 转速离心 10min，取上清液备用。

② 以试剂Ⅱ将试剂Ⅰ全部溶解，配制成工作液，稳定 10min 后使用。

③ 按表3-6操作。

表3-6　操作

加入物	空白管	标准管	样品管
标准液/mL	—	0.01	—
上清液/mL	—	—	0.01
工作液/mL	1.0	1.0	1.0

④ 各管混合均匀后于 37℃ 保温 5min，1cm 光径比色杯，空白管调零，500nm 下测定各管吸光值。

【结果计算】按下式计算样品胆固醇含量：

$$HDL-C \text{ 含量} = \frac{A_{样品}}{A_{标准}} \times 2 \times 标准溶液浓度$$

式中，2 为血清稀释倍数，即取血清样品与试剂Ⅲ按 1:1 混合（体积分数）。

【注意事项】

① 尽量避免血样溶血。

② 如果血样血脂较高，离心后血清会略有浑浊，可以 10000r/min 转速继续离心 15min 使用。

③ 血清加入沉淀剂后，要在 4h 内完成实验测定。

第四章　有助于降低血糖功能

一、血糖及血糖代谢平衡

1. 血糖

血液中的糖（主要为葡萄糖）称为**血糖**（blood sugar）。血糖是糖类物质在体内的运输形式，在机体组织细胞处释放并被摄取利用。**糖**（carbohydrate）的主要生理功能是为机体生命活动提供所需要的能量。一般情况下，人体所需能量的 50% ~ 70% 由糖类物质的氧化分解提供，所以血糖必须保持一定的水平才能维持体内组织细胞的需要。正常人空腹血糖浓度为 3.9mmol/L ~ 6.0mmol/L（70mg/dL ~ 108mg/dL）较为稳定。

糖原（glycogen）是葡萄糖的多聚体，是糖在体内的储存形式，主要有肌糖原和肝糖原两种形式。肌糖原是存在于骨骼肌中的储备能源，需要时肌糖原分解形成 6 - 磷酸葡萄糖进入能量代谢途径，为骨骼肌活动提供所需能量。由于肌肉组织中不含葡萄糖 - 6 - 磷酸酶，所以肌糖原分解后不能直接转变为葡萄糖，因此对血糖水平没有影响。而肝细胞内含有葡萄糖 - 6 - 磷酸酶，当空腹血糖浓度降低时，肝糖原可转变为葡萄糖，使得血糖浓度升高至正常水平；反之，当血糖浓度升高时，多余的葡萄糖则在肝细胞中合成肝糖原储存起来，使得血糖浓度下降至正常水平。因此，肝糖原在维持机体血糖浓度的相对稳定中起着重要作用。体内肝糖原的储存量较少，仅能提供机体在饥饿 24h ~ 48h 内的能量消耗。

2. 血糖代谢平衡

正常血糖水平维持稳定主要由葡萄糖来源和去路两方面的动态平衡所决定。食物中的糖类物质经过消化被分解为单糖，主要为葡萄糖，经过小肠黏膜细胞吸收入血可升高血糖水平。肝糖原分解为葡萄糖也是血糖的重要来源。除此之外，机体还可利用非糖物质如氨基酸、甘油和乳酸等，在肝脏经糖异生方式转化为葡萄糖。血糖最重要的去路为进入组织细胞氧化分解供能，暂时不进入供能环节的多余葡萄糖会在肝脏转化为肝糖原，仍有剩余的葡萄糖则转化为脂肪作为长期能源储备。

正常情况下，血糖来源和去路动态平衡的稳态维持，受到自身因素、体液因素和神经因素的协同调控。其中以胰岛素和胰高血糖素为代表的体液调节因素调控血糖平衡尤为重要。胰岛素是胰岛 β 细胞分泌的、机体内唯一可降低血糖的激素。胰岛素主要通过增加血糖去路和减少血糖来源而实现降低血糖的作用。其作用包括促进肌肉、肝脏和脂肪等摄取葡萄糖，促进糖原合成；抑制糖原分解，抑制糖异生。胰高血糖素是胰岛 α 细胞释放的，作用与胰岛素相反，可升高血糖水平（如图4-1）。一般情况下，进食吸收糖类物质使得血糖升高，会迅速促进胰岛素释放，最终食物中60%的糖以肝糖原的形式储存。而相反，当血糖下降时，会引起胰高血糖素释放，使得血糖水平迅速恢复至正常。除此之外，机体内能升高血糖的激素还包括肾上腺素、糖皮质激素和生长素等。而机体通过迷走神经和交感神经控制胰岛α细胞和β细胞的分泌功能，以此调节血糖水平。

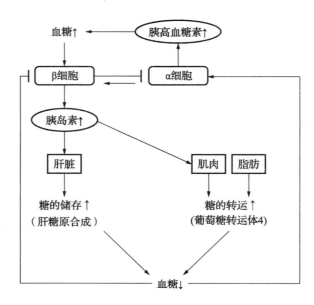

图4-1 胰岛素和胰高血糖素对血糖代谢的调控

二、糖尿病及糖尿病动物模型制备

1. 糖尿病

糖尿病（diabetes mellitus）是一组以慢性血糖水平增高为特征的代谢性疾病，是由于胰岛素分泌和（或）作用缺陷所引起。一般分为Ⅰ型糖尿病和Ⅱ型糖尿病两种类型。前者为β细胞破坏，常导致胰岛素绝对缺乏；后者为胰岛素抵抗和胰岛素分泌不足。Ⅰ型糖尿病常发生于儿童和青少年，Ⅱ型糖尿病多见于30岁以上中老年人，后者占糖尿病患者总数的95%。糖尿病长期碳水化合物以及脂肪、蛋白质代谢紊乱可引起多系统损害，表现为典型的"三多一少"，即多尿、多饮、多食和体重减轻；长期高血糖也常导致眼、肾、神经、心脏、血管等组织器官的慢性进行性病变、功能减退及衰竭。

正常情况下，肾脏的肾小球过滤血液后，在生成尿液排出之前会在肾小管将过滤液中的葡萄糖等成分重吸收回血，因此尿液中是不会出现葡萄糖的。但肾小管重吸收葡萄糖的能力有限，超过其重吸收能力就会出现尿糖。尿液中开始出现葡萄糖时的血糖浓度为肾糖阈。当血糖水平超过肾小球的肾糖阈就会有没被重吸收的葡萄糖出现在尿液中，表现为尿糖阳性。通常糖尿病病人的血糖水平远高于自身肾糖阈，因此糖尿病病人往往会有尿糖阳性。

2. 糖代谢异常的实验室检查

（1）尿糖

大多采用葡萄糖氧化酶法，测定的是尿葡萄糖，尿糖阳性是诊断糖尿病的重要线索。

（2）血糖和糖耐量

血糖升高是诊断糖尿病的主要依据，血糖值反映的是瞬间血糖状态。常用葡萄糖氧化酶法测定。血糖测定要求隔夜空腹（至少8h～10h未进任何食物，饮水除外）后，早餐前采血测定血糖含量，也称为**空腹血糖**（GLU）；反应胰岛 β 细胞功能，一般代表基础胰岛素的分泌功能。

① **糖耐量：**正常人进食糖后血糖会暂时升高，0.5h～1h后升到最高峰，但不超过8.9mmol/L，此时会刺激胰岛素大量释放，2h后血糖恢复到空腹水平，此为耐糖现象。机体这种处理摄入葡萄糖的能力称为葡萄糖耐量。临床上常用口服葡萄糖耐量试验（oral glucose tolerance test，OGTT）来鉴定胰岛 β 细胞功能和机体对血糖的调节能力。方法是被测者无摄入任何热量8h后，清晨空腹一次摄入75g葡萄糖（溶于250mL～300mL水中），测定0h、0.5h、1h、2h和3h血糖值。以时间为横坐标、血糖浓度为纵坐标绘制的曲线称为糖耐量曲线（图4－2）。

静脉空腹血糖3.9mmol/L～6.0mmol/L（70mg/dL～108mg/dL）为正常血糖，OGTT的2h血糖低于7.7mmol/L（139mg/dL）为正常糖耐量，说明人体对进食葡萄糖后的血糖调节能力正常。而糖尿病人往往空腹血糖浓度≥7.0mmol/L（126mg/dL）；服糖后血糖急剧升高，峰时后延峰值超过11.1mmol/L，2h后仍高于正常水平，说明血糖调节能力下降。

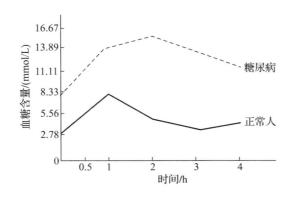

图4－2　糖耐量曲线

② **血糖和糖耐量诊断糖尿病的参考标准：**空腹血糖≥7.0mmol/L（126mg/dL）应考虑糖尿病。当血糖高于正常范围而又未达到诊断糖尿病标准时，须进行糖耐量检测，当糖耐量2h血糖≥11.1mmol/L（200mg/dL）应考虑糖尿病。

（3）糖化血红蛋白（GHbA1）和糖化血浆白蛋白测定

GHbA1是葡萄糖与血红蛋白的氨基发生非酶催化反应（一种不可逆的蛋白糖化反应）

的产物，其量与血糖浓度呈正相关。血糖控制不良者 GHbA1 升高，并与血糖升高的程度相关。由于红细胞在血循环中的寿命约为 120d，因此 GHbA1 反映患者近 8 周~12 周总的血糖水平，为糖尿病控制情况的主要监测指标之一，也利于对糖尿病的早期诊断。血浆蛋白（主要为白蛋白）同样也可与葡萄糖发生非酶催化的糖化反应而形成果糖胺（fructosamine，FA），其形成的量也与血糖浓度相关，正常值为 1.7mmol/L~2.8mmol/L。由于白蛋白在血中浓度稳定，其半衰期为 19d，故 FA 反映患者近 2 周~3 周内总的血糖水平，为糖尿病患者近期病情监测的指标。

3. 糖尿病动物模型

模拟糖尿病的动物疾病模型很多，按其致病机制可分为自发性糖尿病动物模型、化学方法诱发糖尿病动物模型、隐球菌感染的实验性糖尿病模型、外科手术制备的实验性糖尿病动物模型和转基因糖尿病动物模型。在食品营养和功能食品研究中，较为常用的是自发性糖尿病模型和化学方法诱发糖尿病模型。

（1）自发性糖尿病动物模型

这是一类由遗传因素决定的糖尿病动物模型，有 BB Wister 大鼠、非胰岛素依赖性糖尿病 SHR/N－cp 大鼠、原发性糖尿病中国地鼠、原发性糖尿病沙鼠、瘦型糖尿病小鼠、KK 小鼠、DB/DB 肥胖型糖尿病小鼠等。这些动物在其出生后成长至一定时间均会表现出高血糖、尿糖阳性、胰腺病变或胰岛素功能障碍等，部分表现与人类糖尿病发病相似，因此是很多研究首选的疾病模型。此类模型可从专门的实验动物公司购买，但成本会相对较高。

（2）化学方法诱发糖尿病动物模型

四氧嘧啶和链脲菌素（streptozotocin，STZ）进入动物体内可选择性地破坏胰腺 β 细胞，因而被广泛用于制作糖尿病实验模型。

四氧嘧啶糖尿病动物模型

【操作步骤】 大鼠和小鼠均可，禁食 24h 后，静脉、肌肉、腹腔和皮下注射等途径给予都可以引起糖尿病，但最常用的给药途径为静脉注射。为了获得较高模型制作成功率，一般认为以静脉给药大鼠的剂量为 40mg/kg~50mg/kg、小鼠为 50mg/kg~70mg/kg。而小鼠还可以采用皮下注射（150mg/kg~200mg/kg）和腹腔注射（200mg/kg）。在保健食品功能评价中更多采用小鼠、静脉给药诱发建立糖尿病模型。

以小鼠建模为例，小鼠禁食 24h 后，尾静脉给予四氧嘧啶（50mg/kg~70mg/kg），5d~7d 后禁食 3h~5h，采血，测定血糖水平。

【模型评价】 使用四氧嘧啶后，血糖值呈三相性变化，即用药后 2h~3h 出现初期高血糖，持续 6h~12h 后进入低血糖期，动物出现痉挛，24h 后一般为持续性高血糖期，发生糖尿病。大鼠和小鼠建模容易自发性缓解。

虽然空腹血糖值 >10mmol/L 即可判断造模成功，但由于空腹血糖值 11mmol/L~15mmol/L 范围内的小鼠易产生自愈现象，而 >30mmol/L 的易出现酮症酸中毒而死亡。因此，选择血糖值 15mmol/L~25mmol/L 为糖尿病模型小鼠。

评价指标和标准： 以血糖值达到 15mmol/L~25mmol/L 为糖尿病模型成功动物。

【注意事项】

① 四氧嘧啶易溶于水和弱酸中，其水溶性不稳定，易分解成四氧嘧啶酸而失效。水溶液的稳定性取决于 pH 值和温度，低于 pH 值为 3.0 且室温下相当稳定，pH 值为 7.0 时需要保存在 4℃ 以下。

② 不同动物对四氧嘧啶的敏感性有差别，所以要根据不同动物选择适当的剂量。

③ 低蛋白和高脂食物能增加四氧嘧啶糖尿病的发病率。

链脲菌素糖尿病动物模型

【操作步骤】 大鼠和小鼠均可。将链脲菌素溶于枸橼酸缓冲液（pH 值为 4.0 ~ 4.5）中，静脉注射。给药剂量大鼠为 30mg/kg ~ 50mg/kg，小鼠为 175mg/kg ~ 200mg/kg。

以建立小鼠模型为例，禁食 24h 后，尾静脉给予链脲霉素。5d ~ 7d 后禁食 3h ~ 5h，采血，测定血糖水平。

【模型评价】 同四氧嘧啶一样，给予链脲菌素后血糖水平也表现为三相性变化，但链脲菌素引起的低血糖要更严重，相应的致命性惊厥也更多见。链脲菌素引起的小鼠糖尿病不会自发性缓解，引起的高血糖比四氧嘧啶模型更严重。

评价指标和标准： 以血糖值达到 10mmol/L ~ 25mmol/L 为糖尿病模型成功动物。

【注意事项】 链脲菌素是广谱抗菌素，为无色固体，易溶于水，其水溶液极不稳定，可在数分钟内分解成气体。因此水溶液应在 pH 值为 4 和低温保存。

三、有助于降低血糖功能评价指标及结果分析

1. 有助于降低血糖功能评价动物实验方案

有助于降低血糖保健食品的功能评价按动物实验常规选择一种适合的糖尿病动物模型，建模成功后按照体重和空腹血糖值（禁食 3h ~ 5h）分组。通常选成年小鼠 26g ± 2g 或大鼠 180g ± 20g，单一性别，大鼠 8 只/组 ~ 12 只/组、小鼠 10 只/组 ~ 15 只/组。

受试样品组灌胃给予受试保健食品 30d。期间定期称量体重，监测实验动物一般状态。30d 后，采集血液，以空腹血糖值、糖耐量曲线为检测指标，糖化血红蛋白也可以作为辅助检测指标。

2. 评价指标的判定

（1）空腹血糖

受试样品组与模型对照组比较，空腹血糖值显著降低或血糖下降百分率有统计学意义，即可判定该受试样品降空腹血糖实验结果阳性。

（2）糖耐量

受试样品组与模型对照组比较，糖耐量曲线下面积显著降低，即可判定该受试样品糖耐量实验结果阳性。

（3）糖化血红蛋白水平

受试样品组与模型对照组比较，糖化血红蛋白水平显著降低，可帮助判断该受试样品

对糖尿病控制效果良好。

（4）功能判定

保健食品经糖尿病动物实验检验后，空腹血糖、糖耐量任意一项实验结果阳性，均可判定该受试样品有助于降低血糖。

四、评价指标测定原理和实验方法

1．血糖

（1）氧化酶法测定血糖

【测定原理】葡萄糖氧化酶（glucose oxidase，GOD）是一种需氧脱氢酶，可催化葡萄糖生成葡萄糖酸和过氧化氢（H_2O_2）。H_2O_2 在过氧化物酶（peroxidase，POD）作用下，使酚和 4 - 氨基安替吡啉反应生成红色的亚胺醌。亚胺醌溶解后显现红色的深浅与样品中葡萄糖的含量成正比。分别测定标准管和样品管的吸光值，计算样品中葡萄糖含量。

主要反应过程如下：

$$D - 葡萄糖 + O_2 + H_2O \xrightarrow{GOD} D - 葡萄糖酸 + H_2O_2$$

$$H_2O_2 + 酚 + 4 - 氨基安替吡啉 \xrightarrow{POD} 红色的亚胺醌 + H_2O$$

【仪器与试剂】仪器包括恒温水浴锅、紫外/可见分光光度计。试剂包括：

① 磷酸盐缓冲液（0.2mol/L，pH 值为 7.0）：0.2mol/L 磷酸氢二钠（Na_2HPO_4）61mL 和 0.2mol/L 磷酸二氢钾（KH_2PO_4）39mL 混合。

② 酶试剂：葡萄糖氧化酶400U，过氧化物酶0.6mg，4 - 氨基安替吡啉10mg，叠氮钠100mg，加磷酸盐缓冲液至100mL，pH 值调至 7.0。在 4℃ 冰箱中存放至少可稳定 2 个月。

③ 酚试剂：苯酚 100mg 溶于 100mL 蒸馏水中。

④ 酶混合试剂：取等量酶试剂和酚试剂混合。在4℃冰箱中可存放1个月。

⑤ 葡萄糖标准储备液：无水 D - 葡萄糖恒重后精确称取 2.0g，0.25% 苯甲酸溶液溶解并定容至 100mL。

⑥ 葡萄糖校准应用液：在 100mL 容量瓶中准确加入储备液 5mL，再用 0.25% 苯甲酸溶液稀释至 100mL，即 1mg/mL（5.55mmol/L）应用液。

⑦ 蛋白沉淀剂：称取磷酸氢二钠 10g、钨酸钠 10g、氯化钠 9g 于 800mL 蒸馏水中溶解，加入 1mol/L 盐酸 125mL，加蒸馏水至终体积为 1000mL。

【实验步骤】各组实验动物禁食3h～5h后，采血，静置20min～30min，以 3000r/min 转速离心 10min，取上清得血清。按以下步骤测定血清样品血糖含量：

① 取血清 50μL，加入蛋白沉淀剂 1mL，混匀。室温放置 7min 后，以 3000r/min 转速离心 5min，取上清液测定。葡萄糖标准应用液进行同样处理。

② 按表 4 - 1 操作。

表 4 - 1　操作

加入物	空白管	标准管	样品管
上清液/mL	—	—	0.5
处理后的葡萄糖应用液/mL	—	0.5	—
蛋白沉淀液/mL	0.5	—	—
酶混合试剂/mL	4	4	4

③ 各管混合均匀后于37℃保温15min，以空白管调零，1cm光径比色杯，505nm下测定各管吸光值。

【结果计算】　每个血清样本测得的吸光度值，按下式计算血糖含量：

$$血糖含量（mmol/L）= \frac{A_{样品}}{A_{标准}} \times c_s$$

式中：$A_{样品}$——样品吸光度值；

　　　　$A_{标准}$——标准液吸光度值；

　　　　c_s——校准液浓度。

【注意事项】

① 血清要保证高质量，如有溶血，红细胞内释放的6-磷酸葡萄糖进入血清，会干扰测定结果。

② 采血后30min内分离血清，因为全血中糖酵解过程会以每小时7%的速度持续产生6-磷酸葡萄糖。

③ 反应显色后，应在2h内完成比色。

（2）氧化酶法试剂盒法测血糖

目前市场上的血糖测定试剂盒很多，多为氧化酶法，因此实验检测原理同上。直接使用试剂盒免去了繁琐的配制溶液过程，更加方便，结果也更加稳定，也是目前大多数实验室采用的测定方法。

此处以某公司的血糖测定试剂盒为例介绍应用试剂盒的测定过程。

试剂盒组成见表4-2。

表 4 - 2　试剂盒组成

	酶试剂 （100mL）	
试剂1（R1）	葡萄糖氧化酶	≥14U/mL
	过氧化物酶	≥2U/mL
	4-氨基安替吡啉	0.5mmol/L
试剂2（R2）	酚试剂 （100mL）	
	酚	20mmol/L
葡萄糖校准液	5.5mmol/L	2mL

【实验步骤】

① 各组实验动物禁食 3h～5h 后，采血，静置 20min～30min，以 3000r/min 转速离心 10min，取上清得血清。

② 按照试剂盒的要求比例取 R1 和 R2 混合即为工作液。

③ 按表 4 - 3 操作。

④ 混匀，37℃恒温 15min，505nm 波长，以空白管调零，测定各管吸光度。

表 4 - 3　操作

加入物	空白管	校准管	测定管
样品/mL	—	—	0.03
葡萄糖校准液/mL	—	0.03	—
蒸馏水/mL	0.03	—	—
工作液/mL	3.0	3.0	3.0

【结果计算】 每个血清样品测得的吸光度值，按下式计算血糖含量：

$$血糖含量(\text{mmol/L}) = \frac{A_{样品}}{A_{校准}} \times c_s$$

2. 糖耐量

【实验原理】 测定糖耐量可反应胰岛功能和机体处理葡萄糖的能力。临床通常采用 OGTT 法。本实验中，实验动物一次性灌胃给予葡萄糖，分别于 0h、0.5h、1.0h 和 2.0h 采血测定血糖浓度，制作糖耐量曲线。通过与正常对照动物比较糖耐量曲线下面积来检测其处理葡萄糖能力正常与否。

血糖测定原理和仪器等同上。

【实验步骤】

① 各组实验动物禁食 3h～5h，采血，称量，经口给予葡萄糖 2.0g/kg 或医用淀粉 3g/kg～5/kg，给予葡萄糖后开始计时。

② 分别于 0.5h、1.0h 和 2.0h 采血，收集血清。

③ 按照所采用的血糖测定方法测定各血清中的葡萄糖含量。

【结果计算】 按血糖测定方法中的计算法得出各实验动物血糖含量，然后按下列公式计算糖耐量曲线下面积。

公式 1：

$$曲线下面积 = \frac{1}{2}(0h\ 血糖值 + 0.5h\ 血糖值) \times 0.5 + \frac{1}{2}(2h\ 血糖值 + 0.5h\ 血糖值) \times 1.5$$

公式 2：

$$曲线下面积 = 0.25(0h\ 血糖值 + 4 \times 0.5h\ 血糖值 + 3 \times 2h\ 血糖值)$$

3. 糖化血红蛋白

糖化血红蛋白（GHbA1）测定方法很多，包括离子交换层析法、电泳法、亲和层析法、免疫法和酶法等。其中基于 GHbA1 与其他 Hb 所带电荷不同的离子交换层析法（HPLC 法）是美国临床化学协会指定检测方法，是检测 GHbA1 的金标准。

【测定原理】GHbA1 的 β 链 N 末端缬氨酸糖化后几乎不带正电荷，因此在中性 pH 条件下，GHbA1 携带的正电荷比未糖化的 Hb（GHbA0）相对较少，因此可通过离子交换层析法将其与 GHbA0 分开。并且由于 GHb 所结合的不同糖基可生成不同的 GHbA1（分为GHbA1a1、GHbA1a2、GHbA1b、GHbA1c，其中 GHbA1c 占总量的 80%），它们所带电荷的多寡也可以由相同的技术予以分离。在阳离子交换树脂层析柱上，以由低至高的离子强度的流动相进行梯度洗脱，带正电荷最少的 GHbA1（a + b）首先被洗脱，其次是 GHbAc，而非糖化的 Hb 带正电荷最多，最后被洗脱下来，由此得到相应的 Hb 分离色谱，其中每个组分的峰面积与其浓度成正比，见图 4 - 3。GHbA1c 含量以 GHbA1c 峰面积占全部Hb 组分峰面积之和的百分比（归一化法）表示。同时测定已知浓度的 Hb 质控品，用以校正设备准确性。

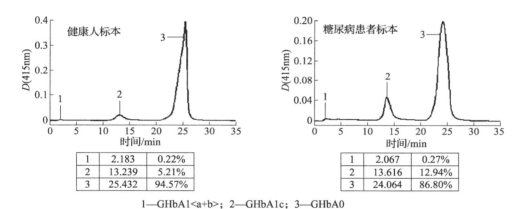

1—GHbA1<a+b>；2—GHbA1c；3—GHbA0

图 4 - 3　不同 Hb 的分离色谱图

【仪器与试剂】仪器包括高效液相色谱仪（Waters 1525 - 2996 系统或类似配置）、高速冷冻离心机（Eppendorf 5418R 或类似配置）。试剂包括：

① Bio - Rex 70 离子交换树脂，按照产品说明书溶胀活化后，保存于流动相 A 液中；

② 40mmol/L PBS（pH 值为 6.6）；

③ 300mmol/L NaCl（pH 值为 6.4，以 20mmol/L PBS 配制）；

④ 糖化血红蛋白质控品。

【色谱条件】

① 高效液相流动相：A 液为 40mmol/L PBS（pH 值为 6.6）；B 液为 300mmol/L NaCl（pH 值为 6.4，20mmol/L PBS 配制）均需经 0.45μm 滤膜过滤备用。

② 洗脱梯度：0min ~ 8min 100% A；8min ~ 18min 70% A，30% B；18min ~ 35min100% B。

③ 色谱柱：树脂经活化后，湿法装柱，色谱柱尺寸为 φ6mm × 200mm。

④ 检测波长：415nm。

⑤ 流量：1mL／min。

⑥ 柱温：25℃。

⑦ 进样体积：100μL。

【实验步骤】

① 实验动物采血，加入抗凝采血管中，室温，1000g（g 为重力加速度）离心 10min，去除上清血浆，沉淀为压积红细胞；

② 红细胞加入 5 倍体积生理盐水洗涤 2 次，收集红细胞；

③ 加入约 5 倍体积生理盐水，37℃孵育 4h，1000g 离心 10min，弃上清，压积红细胞加 4 倍体积 20mmol／L EDTA－Na$_2$（pH 值为 7.0），剧烈振荡 5min 后，4℃下 3000g 离心 5min，吸取上层血红蛋白液为检测样品；

④ 标准 Hb 测定：将糖化血红蛋白质控品按说明书配置，并按照上述色谱条件进样测定。按归一化法获得 GHbA1c 的含量，与质控品说明书对照，一致方可进行样品测定。

⑤ 样品测定：吸取处理好的样品溶液，按照上述色谱条件进行测定，归一化法计算 GHbA1c 含量。

⑥ 如测定样品较多，可每隔一定数量样品中间插测质控品，用以监测实验条件。

【结果计算】

$$糖化血红蛋白(\%) = GHbA1c\ 峰面积／全部\ Hb\ 峰面积 × 100$$

第五章　有助于降低血压功能

一、血压及血压的影响因素

1. 血压

血管内流动的血液对血管侧壁的压强，即单位面积上的压力，称为**血压**（blood pressure，BP）。按照国际标准计量单位规定，血压的单位是帕（Pa）或千帕（kPa），习惯上常以毫米汞柱（mmHg）表示，1mmHg＝0.1333kPa。

全身的血管是一个连续且相对密闭的管道系统，包括动脉、毛细血管和静脉，它们与心脏构成心血管系统。心脏泵血作用下血液由心房进入心室，再从心室泵出，依次流经动脉、毛细血管和静脉，然后返回心房，如此循环往复。各段血管的血压并不相同，从左心室射出的血液流经外周血管时，血压逐渐降低。通常所说的血压是指动脉血压，且一般指主动脉血压。

2. 血压的正常值

血压可用收缩压、舒张压、脉压和平均动脉压等数值来表示。收缩压（systolic pressure，SBP）是指心室收缩期达到最高值时的血压。舒张压（diastolic pressure，DBP）是指心室舒张期动脉血压达最低值时的血压。脉压（pulse pressure）是指收缩压和舒张压的差值。平均动脉血压则为心脏一次收缩和舒张中每一瞬间动脉血压的平均值。在安静状态下，我国健康青年人的收缩压为100mmHg～120mmHg，舒张压为60mmHg～80mmHg，脉压为30mmHg～40mmHg。

3. 影响血压的因素

在生理情况下，动脉血压的变化是多种因素综合作用的结果。为了便于理解和讨论，在下面单独分析某一因素时，都是假定其他因素恒定不变。

（1）心脏射血

一侧心室一次搏动射出的血量称每搏输出量。一侧心室每分钟所射出的血量称每分输出量，等于每搏输出量乘以心率。

每搏输出量的改变主要影响收缩压。博出量增加时，心脏收缩时射入主动脉的血量增多，管壁所受的压强也增大，故收缩压明显升高。由于动脉血压升高，管壁弹性回缩力也升高，血流速度就加快，使得在心舒期末存留在大动脉中的血量增加不多，舒张压的升高相对较小，故脉压增大；反之，当博出量减少时，收缩压的降低比舒张压的降低更显著，故脉压减小。因此，收缩压的高低一般可反映心脏每搏输出量的大小。

心率的变化主要影响舒张压。心率加快时，主要使得心室舒张期明显缩短，在心舒期内流至外周的血液减少，心舒期末存留在主动脉内的血量增多，致舒张压明显升高，脉压减小。同理，心率减慢时，舒张压降低明显，因而脉压增大。

（2）外周阻力

外周阻力主要指小动脉和微动脉对血流的阻力。外周阻力以影响舒张压为主。如果外周阻力增大，心舒期血液向外周流动的速度减慢，心舒期末存留在动脉中的血量增多，因此舒张压明显升高。在心缩期，由于动脉血压升高使血流速度加快，因而收缩压的升高不如舒张压的升高明显，脉压也就变小；反之，外周阻力减小时，舒张压的降低比收缩压的降低明显，脉压加大。因此，在一般情况下，舒张压的高低主要反映外周阻力的大小。

（3）主动脉和大动脉的弹性储器作用

主动脉、肺动脉干及其发出的大分支具有明显弹性和可扩张性。当心室收缩射血，血液一部分进入外周，另一部分暂时促使大血管扩张而暂时储存于大动脉中；心室舒张时，大动脉弹性回缩，推动射血期多容纳的那部分血液继续流向外周，称为弹性储器作用。弹性储器作用主要缓冲动脉血压的变化幅度。老年人由于动脉管壁硬化，管壁中的弹性纤维减少而胶原纤维增多，导致血管可扩张性降低，对血压的缓冲作用减弱，因而收缩压增高而舒张压降低，故脉压增大。

（4）循环血量与血管系统容量的匹配情况

大失血后，循环血量减少，如果血管系统容量变化不大，则体循环平均充盈压将降低，动脉血压便下降。如果血管系统容量明显增大而循环血量不变，也将导致动脉血压下降。

二、高血压及高血压动物模型制备

1. 高血压

高血压（hypertension）是以体循环动脉压增高为主要表现的临床综合征。高血压的标准是根据临床及流行病学资料人为界定的。目前，我国高血压诊断标准采用 1998 年 WHO 和世界高血压联盟修订的诊断标准：收缩压 ≥ 140mmHg 和（或）舒张压 ≥ 90mmHg。而美国对健康血压的规定更为严格，当收缩压在 120mmHg～139mmHg 之间或舒张压在 80mmHg～89mmHg 之间，将被视为高血压前期。

高血压主要分为原发性高血压和继发性高血压。原发性高血压（primary hypertension）是以血压升高为主要临床表现伴或不伴有多种心血管危险因素的综合征，通常简称为高血压。继发性高血压是指由某些确定的疾病或病因引起的血压升高，约占所有高血压的 5%。继发性高血压尽管所占比例并不高，但绝对人数仍相当多。

2. 高血压的发病因素

高血压是遗传易感性和环境因素相互作用的结果。环境因素主要包括以下几个方面。

（1）饮食

高盐饮食习惯的地区人群血压水平和高血压患病率要高于低盐饮食区域。高蛋白摄入属于升压因素，饱和脂肪酸或饱和脂肪酸/不饱和脂肪酸比值较高也属于升压因素。除此之外，饮酒量与血压水平相关，尤其收缩压，每天饮酒超过50g乙醇量者高血压发病率明显增高。

（2）精神应激

城市脑力劳动者高血压患病率超过体力劳动者，从事精神紧张度高的职业者发生高血压的可能性较大，人长期生活在噪声环境中，听力敏感性减退，高血压患病率增大。

（3）体重

超重或肥胖是血压升高的重要危险因素。体重常是衡量肥胖程度的指标，一般采用体重指数（BMI）。高血压患者约1/3有不同程度肥胖，血压与BMI呈显著正相关，腹型肥胖者容易发生高血压。胰岛素抵抗造成继发性高胰岛素血症，可使肾脏水钠潴留增加、交感神经系统活性亢进、动脉弹性减退，从而血压升高。

3. 高血压发病机制

高血压的发病机制较集中在以下几个环节。

（1）交感神经系统活性亢进

各种病因可使神经中枢改变，各种神经递质异常，主要包括去甲肾上腺素、肾上腺素、多巴胺、5-羟色胺、血管加压素等，导致交感神经系统活性亢进，血浆儿茶酚胺浓度升高，阻力小动脉收缩增强，血压升高。

（2）肾性水钠潴留

各种原因引起肾性水钠潴留，通过全身血流自身调节使外周血管阻力和血压升高，这是维持体内水钠平衡的一种代偿方式。

（3）肾素-血管紧张素-醛固酮（RAAS）激活

机体RAAS可感应肾小球血流量减少而分泌肾素，激活肝脏产生的血管紧张素原，生成血管紧张素Ⅰ（AⅠ），然后经肺循环的血管紧张素转换酶（ACE）生成血管紧张素Ⅱ（AⅡ）。AⅡ是RAAS的效应物质，作用于血管平滑肌的受体，使得小动脉收缩，进而刺激肾上腺分泌醛固酮，通过交感神经反馈使去甲肾上腺素分泌增加。这些作用都可以使血压升高，参与高血压发病并维持。

（4）细胞膜离子转运异常

血管平滑肌有多种特异性的离子通道、载体和酶，组成细胞膜离子转运系统，维持细胞内外 Na^+、K^+、Ca^{2+} 浓度的动态平衡。各种原因引起细胞膜离子转运系统障碍，使得细胞膜离子浓度平衡破坏，可导致细胞内钠、钙离子浓度升高，使血管反应性增强和平滑肌细胞增生与肥大，血压升高。

（5）胰岛素抵抗

约50%原发性高血压患者存在不同程度的胰岛素抵抗，在肥胖、甘油三酯升高、高血压和糖耐量减退同时并存的患者最为明显。

大动脉弹性和外周血管的压力反射波是收缩压与脉压的主要决定因素，所以动脉弹性功能在高血压发病中的作用越来越被重视。现已知，血管内皮细胞能生成、激活和释放各种血管活性物质，例如，一氧化氮（NO）、前列环素（PGI2）、内皮素（ET-1）、内皮依赖性血管收缩因子（EDCF）等，调节心血管功能。随着年龄增长，上述缩血管物质增加而舒张血管物质减少，导致大动脉弹性减退，收缩压升高和舒张压降低，脉压增大。

4. 实验室检查

（1）常规项目

包括尿常规、血糖、血胆固醇、血甘油三酯、肾功能、血尿酸和心电图。这些检查有助于发现相关的危险因素和靶器官损害。

（2）特殊检查

为了进一步了解高血压的状况和靶器官功能变化，可以有目的地选择一些特殊检查，如24h动态血压监测、踝/臂血压比值、颈动脉内膜中层厚度、动脉弹性功能测定、血浆肾素活性等。

5. 血压的测量

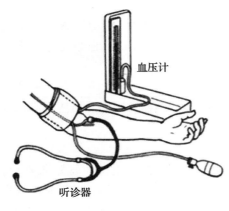

血压计

听诊器

图5-1　血压测量

诊断高血压的主要依据为血压值。采用经核准的水银柱或电子血压计，测量安静休息坐位时上臂肱动脉部位血压。是否血压升高，不能仅凭1次或2次诊所血压测量值来确定，需要一段时间的随访，观察血压变化和总体水平。

临床常用的水银柱血压计法为无创且简便的间接测量法（Korotkoff音法）。由于从主动脉到肱动脉血压降落很小，故通常采用间接测量法测得上臂的肱动脉血压代表动脉血压（图5-1）。利用袖带加压阻断上臂的肱动脉血流，缓慢释放袖带压力解除对肱动脉的压迫。当袖带内压力等于肱动脉收缩压时，听诊器收集到第一次血管搏动的声音，而当袖带内压力等于肱动脉舒张压时，听诊器内血管搏动声音刚好消失。因此，可据此测出动脉收缩压和舒张压。

6. 高血压动物模型

实验性高血压是通过各种外科、化学或遗传学的方法，在动物身上引起异常、持久的动脉压升高。目前较为广泛应用的是自发性高血压大鼠（spontaneously hypertensive rat, SHR）和肾血管性高血压大鼠模型。前者是通过筛选特殊遗传背景大鼠而获得的，在一定程度上代表人的原发性高血压；后者可用于研究人的继发性高血压，另外还有盐型高血压模型、NOS抑制剂建立高血压大鼠模型等实验性高血压模型。

（1）自发性高血压大鼠模型

这是一类由遗传因素决定的高血压动物模型，是从 Wistar 大鼠中选择性交配培育出来的。这种大鼠在出生后 10 周龄动脉收缩压雄性鼠为 200mmHg ~ 350mmHg，雌性鼠为 180mmHg ~ 200mmHg。SHR 是目前国际上公认的最接近人类原发性高血压的动物模型。

【模型评价】SHR 大鼠高血压发病率极高，且收缩压大部分可达到 160mmHg 以上。相比较其他高血压模型，实验周期短，不需要额外手术或者给药造模。唯一缺点是价格比普通大鼠高。

评价指标和标准：以收缩压≥160mmHg 为高血压成功动物。

【注意事项】饲养动物环境要保持清洁，勤换垫料，SHR 大鼠血压过高也易造成动物死亡。

（2）肾血管性高血压大鼠模型

【建模概况】肾血管性高血压模型是通过手术造成动脉狭窄或结扎而形成高血压。常用的方法为肾动脉结扎、两肾一夹、主动脉狭窄和部分肾切除 4 种。它们都具有血压升高较明显、持久和恒定，形成高血压所需时间较短的优点。因此肾血管性高血压动物模型尽管与人类高血压病有所差别，但仍是进一步研究高血压的发生、发展，特别是降压药或降压功能食品作用机理的理想工具。此处介绍最常使用的"两肾一夹"法，是指保留两侧肾脏，使得一侧肾脏的肾动脉狭窄，从而导致高血压。

【操作步骤】通常选用雄性大鼠，体重 150g ~ 200g。氯胺酮 50mg/kg 麻醉后，暴露一侧肾脏，小心分离肾动脉（与深静脉并行，由于静脉壁薄，需要特别小心，以防静脉破裂），利用特制的内径为 0.2mm 的 U 型银夹置于肾动脉根部。继续饲喂 4 周后，筛选出收缩压≥140mmHg 的大鼠作为实验模型。

【模型评价】肾动脉狭窄可造成肾脏缺血，导致肾脏内肾素合成和分泌增多，进而促使血管紧张素升高，使血压升高。

"两肾一夹"术后 4 周 ~ 5 周约 40% ~ 50% 形成高血压。而如果采用"一肾一夹"术，一侧肾动脉狭窄对侧肾脏摘除，术后 4 周 ~ 5 周 70% 以上形成高血压。如果采用"两肾两夹"术，行两侧肾动脉狭窄，则术后 3 周 ~ 4 周 70% 以上形成高血压。后两种方法高血压成功率高，但因为对动物损伤太大，也易造成死亡。

评价指标和标准：以收缩压≥140mmHg 为高血压成功动物。

【注意事项】

① 在分离肾动脉时应注意有无分支，如仅狭窄肾动脉分支则不能形成高血压。

② 一般采用成年鼠，因为幼年动物生长迅速，肾对血流需要量增加过快，容易引起肾动脉狭窄后肾坏死。

（3）DOCA - 盐型高血压模型

【建模概况】盐皮质激素与盐型高血压的发生有密切关系。盐皮质激素如醛固酮和脱氧皮质酮对盐的代谢有两方面的作用，即可增加对盐的食欲从而增加 NaCl 的摄入，又可增加由肾脏远曲小管 NaCl 的重吸收，减少钠离子的排出，从而引起钠水潴留，增加了细胞外液和血浆容量。据此，给予大鼠醋酸脱氧皮质酮（DOCA），同时摘除一侧肾脏并配合高盐饮水，从而建立高血压模型。

【操作步骤】 通常选用雄性大鼠，体重 150g ~ 200g。氯胺酮 50mg/kg 麻醉后，分离一侧肾脏并摘除。手术后，每周给予大鼠皮下注射 DOCA（30mg/kg）。同时，大鼠自由饮食 1.0% NaCl 饮用水。饲喂 4 周后筛选收缩压 ≥ 160mmHg 的大鼠作为实验性高血压模型。

【模型评价】 给药后 1 周后约 50% 大鼠血压升高，给药 5 周停药后 70% 大鼠形成持久性高血压。

评价指标和标准： 以收缩压 ≥ 160mmHg 为高血压成功动物。

【注意事项】

① 皮肤注射部位在背部，应经常更换，否则易造成局部硬块。

② 采用一次性注射针，注射部位宜用酒精擦拭消毒以免局部感染。

（4）NOS 抑制剂建立高血压大鼠模型

【建模概况】 实验证实大鼠给予一氧化氮合酶（NOS）抑制剂可造成血压升高。常用抑制剂为 L - NNA，可抑制血管内皮细胞内 NOS 活性，从而减少 NO 生成，舒张血管作用减弱；可引起肾血管强烈收缩，肾血流量减少，肾素分泌增加，肾小球滤过率减低，周围血管阻力增加，血压升高。

【操作步骤】 通常选用雄性大鼠，体重 150g ~ 200g。腹腔注射 L - NNA（15mg/kg），持续 15d 后，筛选收缩压 ≥ 140mmHg 为实验性高血压模型大鼠。

【模型评价】 给药后血压持续升高，15d 后 60% ~ 70% 可形成高血压模型。

评价指标和标准： 以收缩压 ≥ 140mmHg 为高血压成功动物。

三、有助于降低血压功能评价指标及结果分析

1. 降低血压功能评价动物实验方案

降低血压保健食品的功能评价按动物实验常规选择一种适合的高血压动物模型，建模成功后按照体重和收缩压分组。通常选成年大鼠 180g ± 20g，单一性别，大鼠 8 只/组 ~ 12 只/组。

受试样品组灌胃给予受试保健食品 30d。期间定期称量体重，监测实验动物一般状态。每周测量收缩压和心率。

2. 评价指标的判定

（1）收缩压

受试样品组与模型对照组比较，收缩压显著降低或收缩压下降百分率有统计学意义，即可判定该受试样品降低血压实验结果阳性。

（2）有助于降低血压功能判定

保健食品经高血压动物实验检验后，收缩压结果阳性，可判定该受试样品有助于降低血压功能。

四、尾压法测定原理和操作

实验动物测量血压主要有两种方法，即直接测量法和间接测量法。动物血压直接测量法，需经手术将动脉导管导入颈动脉或股动脉，通过压力换能器转换可实时记录动脉血压。这种测压法多用于急性动物实验观察，可精确测量收缩压和舒张压，缺点是仅能测量一次血压，无法反复测量。保健食品有助于降低血压功能检测需要多次反复测量血压，所以需要采用间接测量法，即尾压法（Tail – cuff 法）。

【测定原理】测压原理同人肱动脉水银柱测压法。通过将红外传感器套在老鼠尾部，并在老鼠尾部放置外套气囊，加压（高于收缩压）将鼠尾动脉血流阻断，然后气囊缓慢放气解除对尾动脉的压迫。当尾套内压力刚等于尾动脉收缩压时，红外传感器捕获到血管内有血流通过的信号，此时尾套内的压力即为收缩压；而当尾套内压力等于尾动脉舒张压时，红外感应器记录血流恢复正常的过程，需通过复杂的数学公式计算节点而得出舒张压。但血流从无到有红外感应比较灵敏，而从湍流转变为层流的交界不易确定，所以此法测定收缩压很准确，而舒张压准确性不高，一般仅测量大鼠收缩压。

【测定步骤】

① 将清醒的大鼠放置于专门的恒温加热槽内，使其体温稳定于38℃。

② 根据大鼠体重选择不同的鼠固定盒将大鼠固定，放入动物固定架。将大鼠尾套穿在大鼠尾动脉并放置于接近尾根部。

③ 启动测压程序，尾套自动开始加压和缓慢放压，同时电脑会适时记录血流信号变化图，仪器会主动测量和给出收缩压值，并可通过计算给出舒张压值。

【注意事项】尽量保持测量大鼠安静，如果大鼠在固定架上挣扎则无法测出血压，或者测出的血压值不准确。

第六章　有助于减少体内脂肪功能

一、肥胖和减肥

1. 肥胖

肥胖症（obesity） 指体内脂肪堆积过多和（或）分布异常、体重增加，是包括遗传和环境因素在内的多种因素相互作用所引起的慢性代谢性疾病。肥胖症作为代谢综合征的主要组分之一，与多种疾病如Ⅱ型糖尿病、血脂异常、高血压、冠心病、卒中和某些癌症密切相关。肥胖症及其相关疾病可损害患者身心健康，使生活质量下降，预期寿命缩短，成为重要的世界性健康问题之一。

轻度肥胖症多无症状。中重度肥胖症可致气急、关节痛、肌肉酸痛、体力活动减少以及焦虑、忧郁等。

（1）肥胖症致病原因

肥胖症患者脂肪的积聚常由于摄入的能量超过消耗的能量，即多食或消耗减少，或两者兼有。人体脂肪组织分为两种，白色脂肪组织的主要功能是贮存脂肪，而棕色脂肪组织的主要功能是能量消耗。机体能量消耗包括基础代谢、食物生热作用、体力活动的能量消耗以及适应性生热作用等。而造成摄入和消耗能量平衡紊乱的原因尚未阐明。

某些肥胖症以遗传因素起主导作用，如瘦素基因（OB）、瘦素受体基因、阿片－促黑素细胞皮质素原（POMC）等基因突变，可引起肥胖症。

环境因素中主要是能量摄入和消耗不平衡，即饮食和体力活动。运动等体力活动会使得交感神经兴奋，作用于棕色脂肪组织，通过 β－肾上腺素能受体引起脂肪分解及促使产生热量。

现代人们多坐位生活方式、体育运动少、体力活动不足，使能量消耗减少；饮食习惯不良，如进食多、喜甜食或油腻食物，使摄入能量增多。饮食构成也有一定影响，超生理所需热量的等热卡食物中，脂肪比糖类更容易引起脂肪聚积。

（2）肥胖症致病机理

① 脂肪细胞和脂肪组织： 脂肪细胞可以贮存是释放能量，还是具有内分泌功能的细胞，能分泌多种脂肪细胞因子、激素或其他调节物，包括肿瘤坏死因子 α、血浆纤维蛋白溶酶原激活物抑制因子－1、血管紧张素原、瘦素、抵抗苏、脂联素和游离脂肪酸等，在机体代谢中发挥重要作用。

脂肪组织块的增大可因脂肪细胞数量增多、体积增大或同时数量增多和体积增大导致。

② 脂肪的分布：脂肪分布有性别差异。男性型脂肪主要分布在内脏和上腹部皮下，称为"腹型"或"中心性"肥胖。女性型脂肪主要分布于下腹部、臀部和股部皮下，称为"外周性"肥胖。中心性肥胖者发生代谢综合征的危险性较大，而外周性肥胖者减肥更为困难。

③ "调定点"上调：长期高热量、高脂肪饮食，体重增加后，即使恢复正常饮食，也不能恢复到原先体重。因此，持续维持高体重可致机体适应，体重调定点不可逆升高，即调定点上调。可逆性体重增加表现为轻度和短期性，是现有细胞大小增加的结果，当引起脂肪增加的情况去除后，脂肪细胞会减少其平均大小而体重恢复原有水平。不可逆体重增加表现为重度和持续性，可能伴有脂肪细胞数量增加，变化将是恒定的。

（3）肥胖症诊断标准

2003 年，《中国成人超重和肥胖症预防控制指南（试用）》以体重指数（body mass index，BMI）为诊断指标。

$$BMI = 体重(kg)/[身高(m)]^2$$

BMI 为 18.5 ~ 22.9 为正常范围。BMI ≥ 24 为超重，BMI ≥ 28 为肥胖；男性腰围 ≥85cm 和女性腰围 ≥80cm 为腹型肥胖。2004 年，中华医学会糖尿病学分会建议代谢综合征中肥胖的标准定义为 BMI ≥25。

应注意，肥胖症并非单纯体重增加，若体重增加是肌肉发达，则不应认为肥胖；反之，某些个体虽然体重在正常范围，但存在高胰岛素血症和胰岛素抵抗，有易患 Ⅱ 型糖尿病、血脂异常和冠心病的倾向，因此应全面衡量。用 CT（计算机断层扫描）或 MRI（核磁共振成像）扫描腹部第 4 ~ 5 腰椎间水平面计算内脏脂肪面积时，以腹内脂肪面积 ≥ 100cm^2 作为判断腹内脂肪增多的切点。

2. 减肥

肥胖症患者治疗目标就是减肥，即降低体重，更准确地说，是减少体内堆积过多的脂肪。不管以何种方式减肥都要遵循不损害机体健康为前提，也不以单纯减轻体重为标准，而应是以减除体内多余的脂肪为目标。除此之外，减肥方式还应保证每日营养素的摄入量可满足机体正常生命活动的需求。

对于肥胖症患者诊断和减肥治疗效果判断，临床常规评估指标包括身体肥胖程度、体脂总量和脂肪分布，其中，后者对预测心血管疾病危险性更有价值。

（1）体重指数（BMI）

BMI 是诊断肥胖症最重要的指标。

（2）理想体重（ideal body weight，IBW）

可测量身体肥胖程度，但主要用于计算饮食中热量和各种营养素供应量。

$$IBW(kg) = 身高(cm) - 105 或 IBW(kg)$$
$$= [身高(cm) - 100] × 0.9(男性) 或 0.85(女性)$$

（3）腰围或腰/臀比

反应脂肪分布。受试者站立位，双足分开 25cm ~ 30cm，使体重均匀分配。腰围测量髂前上棘和第 12 肋下缘连线的中点水平，臀围测量环绕臀部的骨盆最突出点的周径。目前认为测定腰围更为简单可靠，是诊断腹部脂肪积聚最重要的临床指标。

（4）CT 或 MRI

计算皮下脂肪厚度或内脏脂肪量，是评估体内脂肪分布最准确的方法，但不作为常规检查。

二、肥胖动物模型制备

1. 肥胖动物模型

（1）自发性肥胖大鼠模型

Zucker 肥胖大鼠，是由于编码瘦素受体的基因发生了突变，导致瘦素受体功能异常，从而发展为肥胖症。这类自发性肥胖大鼠是典型的高胰岛素血症肥胖模型，表现为轻度糖耐量异常、高胰岛素血症、外周胰岛素抵抗和无酮症表现，类似于人类Ⅱ型糖尿病。该类动物模型广泛用于能量代谢调节机制的研究。

（2）营养性肥胖大鼠模型

【操作步骤】一般以 SD 大鼠和 Wistar 大鼠为实验动物。给予高脂肪营养饲料饲喂 30d ~ 45d。高脂饲料的主要成分为基础饲料和猪油，也有加入蛋黄粉、奶粉或胆固醇等成分。高脂饲料可从专门的公司直接购买。

【模型评价】即便选择遗传背景一致的动物进行同一配方的高脂饲料饲喂，动物的反应性也不一致，分别表现为"肥胖型"和"肥胖抵抗型"，二者在体重和脂肪含量等方面都存在显著差异。该模型多应用于研究环境因素（如饮食）对肥胖发生的作用及机制，也是保健食品功能评价中最常用的肥胖模型。

评价指标和标准：以体重超过正常饲料组 20% 为肥胖模型建立成功。

【注意事项】该模型的缺点是模型成功率不是 100%，由于动物对膳食的易感性不同，对于封闭群大鼠，约有 30% 的大鼠存在肥胖抵抗，因此设计实验之初应将这点考虑进去，以保证筛选成功时动物数量可满足实验需要。

（3）维生素 D 致肥胖大鼠模型

【操作步骤】实验选取雄性 SD 大鼠。一次性大剂量腹腔注射维生素 D 3.0×10^5U/kg，对照组同时注射等体积生理盐水。存活期间给予基础饲料饲喂 30d。

【模型评价】大量维生素 D 可导致血浆胆固醇升高，血糖升高，影响机体能量平衡。与其他肥胖模型相比，此法操作简单、成本低、时间短、成功率高。

评价指标和标准：以体重超过正常饲料组 20% 为肥胖模型建立成功。

2. 肥胖动物模型的实验室评价

（1）体重

每周称重 1 次。

（2）体内脂肪重量

肥胖动物模型体内脂肪重量通常选取两个部位，即睾丸周围脂肪垫和肾周围脂肪垫。

实验结束时，麻醉大鼠，解剖大鼠腹腔和盆腔，取两侧肾脏周围脂肪组织和两侧睾丸周围脂肪组织，剔除非脂肪组织，称量并计算脂肪指数。

$$脂肪指数（\%）=（肾周脂肪+睾周脂肪）/体重 \times 100$$

三、有助于减少体内脂肪功能评价指标及结果分析

1. 有助于减少体内脂肪功能评价动物实验方案

应用保健食品进行减肥，更要遵循不以单纯减轻体重为标准，更不能以伤害食欲减少摄入达到减轻体重的目的，而应该基本满足机体所需的每日营养素摄入量为前提，摄入保健食品后能有效减除体内多余的脂肪。因此，保健食品的减肥功能更准确的说法为有助于减少体内脂肪功能。

有助于减少体内脂肪的保健食品功能动物实验评价分为两种类型，一为治疗性大鼠肥胖模型法；二为预防性大鼠肥胖模型法。两种方法都需要建立肥胖动物模型，通常以大鼠为实验动物。

2. 治疗性大鼠肥胖模型法

首先建立肥胖大鼠模型，建模成功后按照体重分组。一般设实验组、肥胖模型对照组和空白对照组，每组大鼠8只~12只。然后按照受试样品设计实验组剂量，灌胃给予受试保健食品30d。期间每周称量体重，监测实验动物一般状态。30d后，以体重、体内脂肪重量（睾丸周围脂肪垫、肾周围脂肪垫）和摄食量为检测指标。

3. 预防性大鼠肥胖模型法

选择某种肥胖大鼠模型，以营养性肥胖模型为例。按照体重分组，每组大鼠8只~12只。实验组和模型对照组给予高脂饲料饲喂，同时实验组灌胃给予不同剂量受试保健食品30d。期间每周称量体重，监测实验动物一般状态。30d后，以体重、体内脂肪重量（睾丸周围脂肪垫、肾周围脂肪垫）和摄食量为检测指标。

4. 有助于减少体内脂肪功能的保健食品评价原则

① 动物实验中治疗性大鼠肥胖模型法和预防性大鼠肥胖模型法任选其一。
② 可减少体内多余脂肪，不单纯以减轻体重为目标。
③ 引起腹泻或抑制食欲的受试样品不能作为减肥保健食品。
④ 对机体健康无明显损害。
⑤ 实验前应对同批受试样品进行违禁药物的检测。

5. 评价指标的判定

（1）体重
受试样品组与模型对照组比较，体重显著降低或体重增重显著减少，即可判定该受试

样品降低体重实验结果阳性。

（2）体内脂肪重量

受试样品组与模型对照组比较，体内脂肪重量（睾丸周围脂肪垫和肾周围脂肪垫）或脂肪指数显著降低，即可判定该受试样品体内脂肪重量实验结果阳性。

（3）摄食量

受试样品组与模型对照组比较，摄食量显著下降，即为该保健食品可抑制食欲，反之，如果摄食量无显著差异，则该保健食品对食欲无明显影响。

（4）功能判定

保健食品经肥胖动物实验检验后，体重和体内脂肪重量实验均阳性，对食欲无明显影响，可判定该受试样品有助于减少体内脂肪功能动物实验结果阳性。

四、评价指标测定原理和操作

（1）体重

每周称重 1 次。

（2）体内脂肪

【测定原理】减肥重在减除体内脂肪重量，这里的脂肪主要指内脏周围白色脂肪。体内脂肪检测实验中，通常选取睾丸周围脂肪垫和肾周围脂肪垫代表内脏脂肪。

【操作过程】实验结束时，麻醉大鼠，打开腹腔，在脊柱两侧腹腔背侧找到左右两侧肾脏，剥离肾脏及其周围所有脂肪，然后再将肾脏及非脂肪组织剔除；打开盆腔，将两侧睾丸提至盆腔内，游离睾丸及其周围脂肪，然后将睾丸及其他非脂肪组织剔除。脂肪称重并计算脂肪指数。

【结果计算】脂肪指数按下式计算（以% 计）：

$$脂肪指数(\%) = (肾周脂肪 + 睾周脂肪)/体重 \times 100$$

（3）摄食量

大鼠在代谢笼中单独饲养，给予已知量的饲料，24h 收集剩余饲料，相减可得每只鼠的摄食量。

第七章　有助于缓解运动疲劳功能

一、疲劳及疲劳的产生机理

1. 疲劳的概念

疲劳（fatigue）是机体的一种复杂的生理生化变化过程，经过适当的休息便可以恢复或缓解。关于疲劳的专业概念有很多，直至 1982 年在第五届国际运动生物化学会议上对疲劳的定义取得了统一认识，认为疲劳作为一种生理现象，是指"机体生理过程不能持续其机能在一特定水平或各器官不能维持预定的运动强度"而出现的一种状态。

2. 疲劳的症状

疲劳的症状可分一般症状和局部症状。当进行全身性剧烈肌肉运动时，除肌肉的疲劳以外，也出现呼吸肌的疲劳、心率增加、自觉心悸和呼吸困难等症状。由于各种活动均是在中枢神经控制下进行的，因此，当活动能力因疲劳而降低时，中枢神经活动就要会加强以补偿，又逐渐陷入中枢神经系统的疲劳。

疲劳发生后如不及时消除，将逐渐积累而出现慢性疲劳综合症等，使机体发生内分泌紊乱、免疫力下降，甚至出现器质性病变，直至威胁人类生命。

过度疲劳可加速衰老与死亡。当人体长期处于疲劳状态下，可产生未老先衰和疲劳综合症。疲劳综合症可出现：①不易消除的疲惫；②厌倦；③烦燥；④注意力不集中；⑤不明原因的心慌意乱；⑥头晕；⑦头痛；⑧便秘或腹泻；⑨皮肤出现色斑；⑩厌食；⑪腹胀；⑫性能力下降；⑬高血压；⑭高血脂；⑮脂肪肝。在上述各项中有二项者为轻度，四项者为中度，六项及以上者为重度疲劳。

3. 疲劳发生的部位与分类

（1）疲劳发生的部位

根据肌肉运动受神经系统调控的作用原理，疲劳发生的部位包括神经中枢、神经－肌肉接点和外周器官。

① 中枢疲劳：中枢疲劳可能发生在从大脑皮层直至脊髓运动神经元的部位。运动性疲劳时可导致大脑皮层运动区三磷酸腺苷（ATP）、磷酸肌酸（CP）动用过多，糖原含量减少，ADP/ATP 比值增加，γ－氨基丁酸（GABA）水平升高，导致神经元的机能活动性降低从而产生抑制引起的疲劳。激烈运动时，脑干和丘脑的 5－羟色胺（5－HT）明显升高，激发倦息、食欲不振、睡眠紊乱等疲劳症状。

② **神经－肌肉接点疲劳**：神经－肌肉接点是传递神经冲动而引起肌肉收缩的关键部位。疲劳时肌力下降在很大程度上取决于神经肌肉传递障碍的程度。乙酰胆碱是运动神经末梢把兴奋传向肌肉的神经递质。研究认为，神经－肌肉接点的突触前乙酰胆碱释放减少时，肌肉收缩能力下降。乙酰胆碱由接点前膜释放后，进入接点间隙，在这里遇到由于剧烈运动产生的乳酸，发生酸碱中和，使乙酰胆碱被消耗，使到达肌膜处的乙酰胆碱量减少，造成肌肉不能收缩或收缩能力下降，从而表现出疲劳。

③ **外周疲劳**：指除神经系统和神经－肌肉接点之外的各器官系统产生的疲劳。主要指运动器官肌肉的疲劳。表现为肌肉中供能物质输出的功率下降，使机体不能继续保持原来的劳动强度，其次是肌肉收缩力量降低。

（2）疲劳的分类

疲劳包含体力疲劳和脑力疲劳（精神或认知疲劳），两者密不可分，常常互为因果。

体力疲劳是由于长时间大强度的体力活动运动造成的，体内积聚了大量的代谢物（如乳酸、二氧化碳、血清尿素氮等），刺激组织细胞和神经系统，使人产生疲劳感。体力疲劳是机体自身为防止发生威胁生命的过度机能衰竭而产生的一种保护性反应，它的产生提醒工作者应减低工作强度或终止运动以免机体损伤。

运动疲劳是体力疲劳的主要表现形式之一，是机体在运动功能上不能维持预定工作水平，在运动强度上是不能维持预定工作强度。

脑力疲劳是人们长时间用脑后，引起大脑血液和氧气供应不足导致的，多有心理上的厌倦或抵制而使机体处于疲劳状态，主观上表现为做事情的能动性和警觉性的下降；在行为上表现为机体协调和平衡能力的下降、动作迟缓等。体力疲劳多表现为肌肉运动能力的下降，但所从事工作类型的不同也导致机体有不同的症状。当机体发生脑力疲劳时，人们更容易发生体力疲劳；当机体发生体力疲劳时，人们更容易发生脑力疲劳。尤其在军事作业和训练中、运动比赛中，官兵和运动员心理压力大、工作负荷重，机体更容易发生疲劳。

对于不同类型或不同程度的疲劳，人们应根据具体情况的差异，采取不同方式来消除。但是，疲劳发生往往是综合因素导致的。既有体力、脑力因素，也有心理、社交因素，也可能还夹杂着疾病因素，这种非单一因素引起的疲劳称为"综合性疲劳"。长时间的疲劳积累，也会导致体内代谢功能的紊乱，继而影响到机体的正常运转。在这里我们主要关注运动疲劳的产生与影响。

4. 运动疲劳产生的机制

（1）衰竭学说或能量物质消耗学说

在人体供能系统中，三磷酸腺苷（ATP）和磷酸肌酸（CP）是直接供给组织器官能量的。肌肉收缩时最先发生的反应是三磷酸腺苷（ATP）分解，释放出高能磷酸键（～P）。一般认为这是肌肉收缩的直接能源。机体进行短时间极限强度的运动时，由于肌肉中 ATP 含量极少，仅够维持约一两秒钟的肌肉收缩。当肌肉中 ATP 含量减少后，CP 将所储存的能量随高能磷酸基团迅速转移给 ADP，以重新合成 ATP。肌肉中 CP 的含量尽管比 ATP 高 3～4 倍，也只能维持剧烈运动持续约 10s。因此短时间极限强度导致的疲劳与

ATP、CP 的大量消耗有关。

当体内储存的 ATP、CP 被大量消耗后，人体运动中需要的能量不得不依靠糖酵解供给，但糖酵解供能的速度约为 CP 的 1/2。糖是肌肉活动时能量的重要来源，在超过 10s 的高强度运动中，糖是主要的供能物质。当肌肉中的糖原被大量消耗时，机体活动能力降低，出现疲劳。长时间运动时肌肉不仅消耗糖原，同时还大量摄取血糖。若摄取速度大于肝糖原的分解速度时，则血糖水平降低。由于中枢神经系统主要靠血糖供能，血糖降低引起中枢神经系统供能不足，从而导致全身性疲劳的发生。由此可见，机体能量物质的大量消耗是导致疲劳的一个重要原因。

（2）代谢产物堆积学说

疲劳的产生是由于某些代谢产物如乳酸、氢离子等物质在肌肉组织中的堆积。乳酸（lactic acid）是机体剧烈运动时进行无氧酵解的产物，其在肌肉中的含量比安静时增加 30 倍。机体对于乳酸有 3 条清除代谢途径：①在骨骼肌、心肌等组织中氧化成二氧化碳和水；②在肝脏和骨骼肌内经糖异生途径转变为葡萄糖；③在肝内合成脂肪酸、丙酮酸等其他物质。这三条途径都必须先将乳酸氧化成丙酮酸，这一过程在缺氧时不能进行。因此在激烈的运动或劳动中，肌肉中的乳酸将逐渐积累，解离的氢离子使肌细胞 pH 值下降，进而导致 ATP 酶活力下降，糖酵解减慢甚至停止，肌细胞收缩环节被抑制，细胞内脂肪分解下降使得供能减少。可见，糖酵解的产物 - 乳酸及其氢离子的积累，造成细胞 pH 值下降，是导致疲劳发生的另一个重要原因。

（3）内环境稳定性失调学说

在剧烈的运动、劳动过程中，由于机体渗透压、离子分布、pH 值、水分、温度等内环境条件发生巨大变化，使体内酸碱平衡、渗透平衡、水平衡等失调，从而导致工作能力下降，发生疲劳。当人体失水达体重的 5% 时，肌肉工作能力下降约 20%～30%。美国哈佛大学疲劳研究所曾报道，在高温下作业的工人因出汗过多，致使严重疲劳时给予饮水仍不能缓解，但饮用含 0.04%～0.14% 的氯化钠水溶液就能使疲劳有所缓解。

（4）保护性抑制学说

按照巴甫洛夫学派的观点，运动性疲劳是由于大脑皮质产生了保护性抑制。运动时大量冲动传至大脑皮质相应的神经细胞，使其长时间兴奋导致消耗增多，为避免进一步消耗，便产生了抑制过程。这对大脑皮质有保护性作用。

（5）自由基损伤学说

剧烈运动后自由基产生过多，造成肌纤维膜、内质网完整性丧失，妨碍正常的细胞代谢与机能；还造成胞浆中 Ca^{2+} 的堆积，影响肌纤维的兴奋 - 收缩耦联，使肌肉的工作能力下降；自由基还会导致线粒体呼吸链产生 ATP 的过程受到损害，使细胞能量生成发生障碍，影响肌纤维的收缩功能；另外，还有一些重要的酶可能由于自由基的作用而失活，从而产生一系列病理变化，导致肌肉收缩能力下降而产生疲劳。因此，自由基与运动性疲劳有着密切的关系，也是导致运动性疲劳的重要原因。

随着运动生理学的发展，对于运动性疲劳产生机制的认识，已经从单纯的能量消耗或代谢产物堆积，向着多因素、多层次、多环节综合作用的认识发展。单一因素导致疲劳的理论，已经逐渐被综合性疲劳的理论所替代。

二、运动疲劳的实验室相关检查

1. 小鼠负重游泳实验

运动耐力的提高是机体缓解体力疲劳发生的一种宏观表现。目前采用小鼠游泳至衰竭实验来评价保健食品对此项指标的影响。为了缩短实验时间，还可用小动脉夹缠上铅丝（保险丝），夹在小鼠尾根部进行负重游泳。负重量可根据动物月龄选择体重的 2% ~ 5%。实验应采用同一批动物同时进行，不可将不同批动物、不同时间的实验结果进行比较。

2. 肝糖原

肝糖原是维持血液中葡萄糖正常水平的重要贮存物，也是肌纤维收缩时能量的来源。在营养充分的动物肝脏中含量可达 10%，肌肉中可达 4%。如将不同缓解体力疲劳能力的受试样品给予动物，待食用一段时间后，取动物肝脏测定其肝糖原含量，并与同样实验条件的对照组进行比较，则可了解该食品对肝糖原储备的影响。如果实验组肝糖原比对照组明显升高，说明该功能食品能够增加肝糖原储备，维持运动时血糖水平，从而为机体提供更多的能量来达到缓解疲劳的目的。

3. 血尿素

当机体长时间不能通过糖、脂肪分解代谢得到足够的能量时，机体蛋白质与氨基酸分解代谢随之增强。肌肉中氨基酸经转氨基或脱氨基后，碳链被氧化，氨基与 α - 酮戊二酸形成丙酮酸和谷氨酸，谷氨酸透过线粒体膜进入线粒体基质，由谷氨脱氢酶将氨基脱下形成游离氨，再经尿素循环生成尿素，使血中尿素含量增加。此外，在激烈运动及强体力劳动时核苷酸代谢也随之加强，核苷酸以及核苷分解时都要脱下氨基而产生氨，再经尿素循环转变成尿素，这也使血尿素含量增高。实验证明，当人体血中尿素含量超过 8.3mmol/L 时，尽管并没有疲劳的感觉，但实际上此时机体组织的肌肉蛋白质和酶都已开始分解而使机体受到损伤。可见，血中尿素的含量会随着劳动和运动负荷的增加而增高，机体对负荷的适应能力越差，血中尿素的增加就越明显。故可通过血中尿素氮含量的测定来判断疲劳程度和抗疲劳物质的抗疲劳能力。

4. 血乳酸

在无氧情况下，肌肉在通过糖原酵解反应得到能量的同时，也产生了大量的乳酸。而乳酸的增加使肌肉中 H + 浓度上升，pH 值下降，进而引起一系列生化变化。这是导致疲劳的重要原因。乳酸积累越多，疲劳程度也越严重。

乳酸在机体中堆积的程度取决于乳酸产生与清除的速度。乳酸清除的第一步是在乳酸脱氢酶催化作用下将乳酸氧化成丙酮酸。这步反应需要在有氧条件下进行，所以乳酸的清除与有氧代谢紧密关联。因此，提高肌肉剧烈活动时有氧代谢在能量代谢中所占比例，将使酵解过程中产生的乳酸不容易在肌肉中积累，从而延缓疲劳的发生。而有氧代谢能力的加强还可使肌肉活动停止后的恢复期肌肉中过多的乳酸能够迅速被清除，这也意味着能够较快消除疲劳。因此，可通过测定机体剧烈运动前后不同时期肌乳酸含量，了解乳酸的代谢情况，即可推测机体无氧代谢及有氧代谢能力，对疲劳程度和恢复情况作出评价。由于肌肉中的乳酸很快渗透进入血液，使血乳酸含量上升，直到肌乳酸和血乳酸之间的浓度达到平衡，这个过程大约需要 5min ~ 15min。因此，目前将血乳酸作为评价缓解体力疲劳功能的一项指标。

5. 乳酸脱氢酶及其同工酶

乳酸清除代谢中的第一步反应是在乳酸脱氢酶（lactate dehydrogenase，LDH）催化下将乳酸转变成为丙酮酸。LDH 有 5 种同工酶，普遍存在于组织细胞内。按照它们在电场中的泳动速度，分别命名为 LDH1、LDH2、LDH3、LDH4、及 LDH5。它们都催化丙酮酸与乳酸间的转化反应，但在方向和速度上明显不同。LDH1 主要催化乳酸向丙酮酸的生成，LDH5 主要催化丙酮酸向乳酸的生成。LDH2、LDH3、和 LDH4 则是双向的，LDH2 催化乳酸向丙酮酸方向的反应能力占双向反应的 3/4，而 LDH4 催化丙酮酸向乳酸方向反应能力占双向反应的 3/4。LDH3 则各占 1/2。显然，LDH1、LDH2 活力的升高可以加速肌肉中过多乳酸的清除代谢过程，减少乳酸在肌肉中的积累，延缓疲劳的发生或加速疲劳的消除。

三、有助于缓解运动疲劳功能评价指标及结果分析

1. 有助于缓解运动疲劳功能评价动物实验方案

本实验选用纯系成年小鼠，体重 18g ~ 22g。通过受试样品对小鼠耐力、血尿素、血乳酸、肝糖原水平的影响进行缓解体力疲劳功效评价。

按体重随机分组，分为 1 个正常对照组和 3 个剂量受试样品组，15 只/组。

正常对照组：基础饲料，每日灌胃溶解受试样品的溶剂，自由饮水摄食。

受试样品组：基础饲料，每日灌胃不同剂量的受试样品，自由饮水摄食。

定期称量体重，30d ~ 45d 后，测定血尿素、血乳酸、肝糖原水平，进行小鼠负重游泳实验。

2. 实验结果的判定

（1）小鼠负重游泳实验

若受试样品组游泳时间显著长于正常对照组，可判定该实验结果阳性。

（2）血尿素

若受试样品组血清尿素显著低于对照组，可判定该实验结果阳性。

（3）肝糖原

若受试样品组肝糖原含量显著高于对照组，可判定该实验结果阳性。

（4）血乳酸

以三个时间点血乳酸曲线下面积为判定标准。任一受试样品组的面积显著小于正常对照组，可判定该实验结果阳性。

（5）功能判定

负重游泳实验结果阳性，血乳酸、血清尿素、肝糖元三项生化指标中任两项指标阳性，可判定该受试样品具有缓解体力疲劳功效。

四、评价指标测定原理和实验方法

1. 小鼠负重游泳实验

【测定原理】运动耐力的提高是抗疲劳能力加强最直接的表现，游泳时间的长短可以反应动物运动疲劳的程度。

【仪器与材料】仪器包括游泳箱（大小约 $50cm \times 50cm \times 40cm$）、电子天平、计时器。材料包括保险丝、动脉夹。

【实验步骤】

① **动物负重**：各受试样品组末次给予不同剂量受试样品 30min 后，称量并记录小鼠体重。按照每只小鼠体重的 5%，将适量保险铅丝缠于动脉夹上（即铅丝和动脉夹总重为小鼠体重的 5%）。将动脉夹夹在小鼠尾根部位。

② **负重游泳**：向游泳箱中注水，控制水深不低于 30cm，水温 $25℃ \pm 1.0℃$。将负重好的小鼠小心投入游泳箱，记录小鼠自游泳开始至死亡的时间，作为小鼠游泳时间。

【结果计算】将小鼠游泳时间统一折算为秒，进行统计学比较。

【注意事项】

① 每一游泳箱一次放入的小鼠不宜太多，否则互相挤靠，影响实验结果。

② 水温对小鼠的游泳时间有明显的影响，因此要求各组水温控制一致，每一批小鼠下水之前都应测量水温，水温以 25℃ 为宜。

③ 铅皮缠绕松紧应适宜。

④ 观察者应在整个实验过程中使每只小鼠四肢保持运动。如果小鼠漂浮在水面四肢不动，可用木棒在其附近搅动。

2. 血清尿素氮

（1）二乙酰 – 肟法（自配试剂）

【测定原理】血清样品中尿素在三氯化铁 – 酸溶液中与二乙酰 – 肟和硫氨脲共煮，形成一种红色的化合物 Diazine，其颜色的深浅与尿素含量成正比。与同样处理的尿素标准管比较，计算得到尿素的含量。

【仪器与试剂】仪器包括游泳箱（大小约 $50cm \times 50cm \times 40cm$）、恒温水浴锅、紫外/可见分光光度计。试剂包括：

① 二乙酰 – 肟溶液：取二乙酰 – 肟 1.0g，氨基硫脲 0.2g，氯化钠 4.5g，溶于蒸馏水

并加至 1000mL。二乙酰 – 肟终浓度为 1g/L。

② 三氯化铁溶液：取三氯化铁 1.0g 溶于浓磷酸 20mL 中，加蒸馏水 10mL，摇匀，终浓度为 33g/L。

③ 三氯化铁 – 酸溶液：蒸馏水 800mL，缓慢加入浓硫酸 50mL，边加边摇匀；再加入 85% 磷酸 50mL，摇匀。加入三氯化铁溶液 1.5mL，水定容至 1L。

④ 苯甲酸溶液：取苯甲酸 2.0g 溶于蒸馏水 1000mL 中，加浓硫酸 0.8mL。苯甲酸终浓度为 16mmol/L。

⑤ 尿素标准液：精确称取尿素 150.3mg 溶于苯甲酸溶液并加至 250mL，终浓度为 10mmol/L（即尿素氮浓度为 28.01mg/dL）。

【实验步骤】

① 高尿素模型的建立及样品制备：各受试样品组末次给予不同剂量受试样品 30min 后，将各组小鼠置于游泳箱中不负重游泳 90min（水温 30℃，水深不低于 25cm）。休息 60min 后采血置于 1mL（或 1.5mL）塑料离心管中，室温下静置 10min。血液凝固后 3000r/min 离心 10min，取血清备用。

② 实验测定按表 7 – 1 操作。

表 7 – 1　操作

试　剂	样品管	标准管	空白管
血清样本/mL	0.05	——	——
尿素标准溶液/mL	——	0.05	——
蒸馏水/mL	——	——	0.05
二乙酰 – 肟溶液/mL	2.5	2.5	2.5
三氯化铁 – 酸溶液/mL	2.5	2.5	2.5

充分混匀，置沸水浴准确计时 15min，立即用自来水冷却。波长 520nm，以空白管调零，读取各管吸光度。

【结果计算】按下式计算样品中尿素含量：

$$尿素含量（mmol/L）= \frac{A_{样品}}{A_{标准}} \times 10$$

$$尿素氮含量（mg/dL）= \frac{A_{样品}}{A_{标准}} \times 28.01$$

（2）邻苯二甲醛（OPA）法（试剂盒）

【测定原理】酸性环境下，血清样品中尿素在催化剂 4 – 氨基安替吡啉的存在下，与邻苯二甲醛反应，生成黄色物质。该黄色物质在钒酸根作用下转变成蓝色化合物，其颜色深浅与样品中尿素氮含量成正比。与同样处理的尿素标准管比较，计算得到尿素的含量。

【仪器与试剂】仪器包括游泳箱（约 50cm × 50cm × 40cm）、恒温水浴锅、紫外/可见分光光度计。试剂包括：

① 基质液：其中包含大于 0.1% 的邻苯二甲醛，大于 5% 的磷酸。

② 显色液：含 0.3g/mL 的 4 - 氨基安替吡啉，10mg/mL 偏钒酸铵。

③ 尿素标准液：尿素浓度 20mg/dL（7.14mmol/L）。

【实验步骤】

① 样本制备：同自配试剂法操作。

② 实验测定按表 7 - 2 操作。

表 7 - 2　操作

加入物	空白管	标准管	样品管
基质液/mL	1.0	1.0	1.0
蒸馏水/mL	0.01	—	—
血清/mL	—	—	0.01
标准液/mL	—	0.01	—
显色液/mL	0.1	0.1	0.1

充分混匀，25℃下反应 15min。1cm 光径比色杯，空白管调零，578nm 或 590nm 下测定各管吸光度。

【结果计算】按下式计算样品中尿素含量：

$$尿素含量(mg/dL) = \frac{A_{样品}}{A_{标准}} \times 标准液浓度$$

3. 肝糖原的测定

【测定原理】蒽酮可与游离糖或多糖发生反应，反应后溶液呈蓝绿色，于 620nm 处有最大吸收，测定其吸光度，可以得到糖原的含量。

【仪器与试剂】仪器包括紫外/可见分光光度计、低速离心机、电子天平、匀浆器、振荡器、恒温水浴。试剂包括：

① 生理盐水：0.9g 氯化钠溶于 100mL 蒸馏水中。

② 95% 乙醇：95mL 无水乙醇，加入 5mL 蒸馏水，混合均匀。

③ 5% 三氯乙酸（TCA）：三氯乙酸 25.0g，溶于 500mL 蒸馏水中，混合均匀。

④ 72% H_2SO_4 配制：280mL 蒸馏水中加入浓硫酸 720mL。

⑤ 蒽酮试剂：72% H_2SO_4 温度降至 80℃～90℃ 时加入 500mg 蒽酮，10g 硫脲，轻轻摇动烧杯混匀。冷却后存放于冰箱中，可保存两周。

⑥ 葡萄糖标准溶液（100mg/dL）：葡萄糖（含 1 个结晶水）0.11g，溶于 50mL 蒸馏水中，以水定容 100mL。

【实验步骤】

① 肝糖原样本的制备：各受试样品组末次给予不同剂量受试样品 30min 后处死小鼠，取肝脏经生理盐水漂洗后用滤纸吸干。精确称取肝脏 0.1g，置于匀浆管中。加入 8mL

TCA，每管匀浆 1min。将匀浆液倒入离心管，以 3000r/min 离心 15min。

② 取 1mL 上清液置于 10mL 具塞离心管中，每管加入 95% 乙醇 4mL，充分混匀至两种液体间不留有界面。用干净塞子塞上，室温下竖立放置过夜。次日沉淀完全后，将试管于 3000r/min 离心 15min。小心倒掉上清液并使试管倒立放置 10min，控干残留的 95% 乙醇。

③ 加入 2mL 蒸馏水溶解糖原。加水时注意将管壁的糖原冲下，充分混匀至糖原全部溶解，待测。

④ 实验测定按表 7-3 操作。

表 7-3 操作

加入物	空白管	标准管	样品管
蒸馏水/mL	2.0	1.5	—
葡萄糖标准/mL	—	0.5	—
样本/mL	—	—	2.0
蒽酮试剂/mL	10.0	10.0	10.0

⑤ 各管加入蒽酮试剂后，立刻以自来水冷却。恢复至自来水温度后，沸水浴（水浴高度略高于试管中液面）15min，然后移到冷水浴，冷却到室温。620nm 波长下，用空白管调零，测定吸光度。

【结果计算】按下式计算肝糖原含量：

$$肝糖原含量(mg/100g\ 肝脏) = \frac{A_{样品}}{A_{标准}} \times 0.5 \times \frac{提取液体积}{肝组织克数} \times 100 \times 0.9$$

式中，0.5 为 0.5mL 葡萄糖标准液液中的葡萄糖含量；0.9 为将葡萄糖换算成糖原的系数；提取液体积为 8mL；肝组织克数为 0.1g。

4. 血乳酸的测定

（1）自配试剂测定方法

【测定原理】在铜离子催化下，乳酸与浓硫酸在沸水中反应，乳酸转化为乙醛，乙醛与对羟基联苯反应产生紫色化合物，在波长 560nm 处有强烈的光吸收，故可进行定量测定。

【仪器与试剂】仪器包括游泳箱（约 50cm×50cm×40cm）、恒温水浴锅、紫外/可见分光光度计。试剂包括：

① 4% $CuSO_4$ 溶液：称取 4g $CuSO_4 \cdot 5H_2O$，溶于 100mL 蒸馏水。

② 1% NaF 溶液：称取 1g NaF，溶于 100mL 蒸馏水。

③ 10% 钨酸钠：称取 10g 钨酸钠，溶于 100mL 蒸馏水。

④ 0.3mol/L 硫酸：取 1mL 浓硫酸，蒸馏水稀释至 54mL，混合均匀。

⑤ 蛋白沉淀剂：按体积分别取 1 份 10% 的钨酸钠，1 份 0.3mol/L 硫酸，再与 28 份蒸

馏水混合。

⑥ 蛋白沉淀剂 – NaF 混合液：按体积分别取 3 份蛋白沉淀剂，1 份 1% NaF 混合即可。

⑦ 0.5% NaOH：称取 1g NaOH，溶于 200mL 蒸馏水。

⑧ 1.5% 对羟基联苯溶液：称取 1.5g 对羟基联苯溶于 100mL 热的 0.5% NaOH 中（可保存半年）。

⑨ 10% 三氯乙酸（TCA）：三氯乙酸 50.0g，溶于 500mL 蒸馏水中，混合均匀。

⑩ 乳酸标准储备液（1mg/mL）：称取 106.6mg 乳酸锂或 171mg 乳酸钙，以 10% 三氯乙酸溶液定容至 100mL（室温下可保存半年）。

⑪ 乳酸标准应用液（0.01mg/mL）：准确吸取 1.0mL 乳酸标准储备液以 10% 三氯乙酸溶液稀释定容至 100mL，此液要求现用现配。

【实验步骤】

① 实验准备：实验前于 5mL 试管中加入 0.48mL 1% NaF 溶液，备用。

② 高血乳酸模型的制作及各时间点血样品采集：各受试样品组末次给予不同剂量受试样品 30min 后采血 20μL。随后在温度为 30℃ 的水中不负重游泳 10min 后，立刻采血 20μL。休息 20min 后再各采血 20μL。采血后立即置于准备好的 1% NaF 溶液中，反复吹打至溶血完全，不得有凝集血丝或血块。

③ 血样制备：再加入 1.5mL 蛋白沉淀剂，振荡混匀，3000r/min 离心 10min，上清液备用。

④ 乳酸测定按表 7 – 4 操作。

表 7 – 4　操作

加入物	空白管	标准管	样品管
蛋白沉淀剂 – NaF 混合液/mL	0.5	—	—
乳酸标准应用液/mL	—	0.5	—
上清液/mL	—	—	0.5
4% CuSO$_4$ 溶液/mL	0.1	0.1	0.1
浓硫酸/mL	3	3	3
充分混匀，置沸水浴加热 5min，取出后放入冰水浴冷却 10min			
1.5% 对羟基联苯溶液/mL	0.1	0.1	0.1

⑤ 各管摇匀，置 30℃ 水浴 30min（每隔 10min 振摇一次）。取出后放入沸水浴中加热 90s，取出冷却至室温，在波长 560nm 处用 5mm 光径比色皿比色，空白管调零。

【结果计算】

① 血乳酸含量按下式计算：

$$血乳酸含量(mg/L) = \frac{A_{样品}}{A_{标准}} \times 100 \times 10$$

式中，100 为血液稀释倍数，即 20μL 全血溶于 0.48mL 1% NaF 溶液，再加入 1.5mL 蛋白沉淀剂；10 为将乳酸标准应用液浓度，10mg/L。

② 血乳酸曲线下面积按下式计算：

公式 1：

$$血乳酸曲线下面积 = \frac{1}{2}(游泳前血乳酸值 + 游泳后 0min 血乳酸值) \times 10 +$$

$$\frac{1}{2}(游泳后 0min 血乳酸值 + 游泳后休息 20min 血乳酸值) \times 20$$

公式 2：

$$血乳酸曲线下面积 = 5(游泳前血乳酸值 + 3 \times 游泳后 0min 血乳酸值$$
$$+ 2 \times 游泳后休息 20min 血乳酸值)$$

【注意事项】

① 1.5% 对羟基联苯溶液配制中，要保证配制容器绝对干净，否则会造成溶液浑浊、变色，从而无法使用。

② 实验前一天最好将实验动物单只分笼，避免动物之间撕咬导致游泳前血乳酸值升高。同时为避免灌胃受试物时动物惊吓导致游泳前血乳酸值升高，可以改在灌胃前采血。

（2）乳酸盐测定仪测定方法

【测定原理】乳酸仪检测探头上装有一片三层的膜，其中间层为固定的乳酸盐氧化酶。表面被膜覆盖的探头位于充满缓冲液的样品室内，当样品被注入样品室后，部分底物会渗进膜中；当它们接触到固定酶（乳酸盐氧化酶）时便迅速被氧化，产生 H_2O_2。H_2O_2 继而在铂阳极上被氧化产生电子。当 H_2O_2 生成率和离开固定膜层的速率达到稳定时便可得到一个动态平衡状态，可用稳态响应表示。电子流与稳态 H_2O_2 浓度成线性比例，因此与乳酸盐浓度成正比。

【仪器与试剂】仪器包括游泳箱（约 $50cm \times 50cm \times 40cm$）、涡旋振荡器、乳酸仪。试剂包括破膜液、磷酸盐缓冲液、氯化钠。

【实验步骤】

① 实验准备：实验前于 0.5mL 尖底离心管中加入 40μL 破膜液，备用。

② 高血乳酸模型的制作及各时间点血样采集：

各受试样品组末次给予不同剂量受试样品 30min 后采血 20μL。随后在温度为 30℃ 的水中不负重游泳 10min 后，立刻采血 20μL。休息 20min 后再各采血 20μL。采血后立即置于准备好的破膜液中，震荡。

③ 用乳酸盐测定仪测定。

【结果计算】

① 血乳酸含量按下式计算：

$$血乳酸含量(mmol/L) = 仪器读出值 \times 3$$

式中，3 为血液稀释倍数，即 20μL 全血溶于 40μL 破膜液。

② 血乳酸曲线下面积按下式计算：

公式1：

$$血乳酸曲线下面积 = \frac{1}{2}（游泳前血乳酸值 + 游泳后0min血乳酸值）\times 10$$

$$+ \frac{1}{2}（游泳后0min血乳酸值 + 游泳后休息20min血乳酸值）\times 20$$

公式2：

$$血乳酸曲线下面积 = 5（游泳前血乳酸值 + 3 \times 游泳后0min血乳酸值$$

$$+ 2 \times 游泳后休息20min血乳酸值）$$

第八章　抗氧化功能

一、活性氧和氧化损伤

1. 自由基与活性氧

自由基（free radical）是指具有未配对电子的原子、原子团、分子和离子。书写时，以一个小圆点表示未配对电子，例如，H·为氢自由基，OH·为氢氧自由基。自由基有氧自由基及非氧自由基之分。人体内以氧形成的自由基最重要，包括：超氧阴离子自由基（$O_2^{-}\cdot$）、羟自由基（OH·）、过氧化氢分子（H_2O_2）、氢过氧基（$HO_2^{-}\cdot$）、烷氧基（RO·）、烷过氧基（ROO·）、脂类氢氧化物（ROOH）和单线态氧（$'O_2$）等，它们又称**活性氧**（reactive oxygen species，ROS）（见表 8 – 1）。非氧自由基包括氢自由基（H·）、有机自由基（R·）。在细胞内，线粒体、内质网、细胞核、质膜和胞液中都可能产生自由基。

表 8 – 1　活性氧的主要种类

自　由　基		非　自　由　基	
$O_2^{-}\cdot$	超氧自由基	H_2O_2	过氧化氢
OH·	羟自由基	HOBr	次溴酸
$HO_2\cdot$	氢过氧基	HOCl	次氯酸
RO·	烷氧基	O_3	臭氧
$RO_2\cdot$	烷过氧基	$'O_2$	单线态氧
NO·	一氧化氮自由基	ROOH	氢过氧化物

表 8 – 1 列了各种主要的活性氧种类，包括自由基和非自由基化合物两类。其中超氧阴离子自由基起着中心作用。因为许多有活性的中间产物的形成都始于它的作用。如有氧条件下，次黄嘌呤和黄嘌呤在黄嘌呤氧化酶（xanthine oxidase，XO）的作用下产生 $O_2^{-}\cdot$。

$$次黄嘌呤 + H_2O + 2O_2 \xrightarrow{XO} 黄嘌呤 + 2O_2^{-}\cdot + 2H^{+}$$
$$黄嘌呤 + H_2O + 2O_2 \xrightarrow{XO} 尿酸 + 2O_2^{-}\cdot + 2H^{+}$$
$$NADPH + O_2 \longrightarrow NADP + 2O_2^{-}\cdot + H^{+}$$

羟自由基（hydroxyl radical，OH·）是一个极强的氧化剂。OH·寿命短，稳定性极差，氧化性又极强，几乎来不及扩散就与碰到的临近的分子发生反应。因此，OH·的生物学作用完全取决于它产生的地点与环境。它可能严重改变生物功能，也可能不发生任何作用。H_2O_2 是一个分子，较为稳定，容易在细胞间扩散。过氧化物酶（如谷胱苷肽过氧化物酶）能有效地将它转变为水。**单线态氧**（singlet molecular oxygen，$^1O_2$）是体内组织暴露于光中获得能量形成的。其半衰期估计为 $10^{-6}s$。$^1O_2$ 能通过转移其激发态能量或通过化学结合与其他分子相互作用。因为它没有自旋限制，故较基态氧活泼。它优先起化学反应的靶为双键。如不饱和脂肪酸（PUFA）和 DNA 碱基鸟嘌呤中的双键。

2. 氧化损伤对机体功能的影响

由于自由基化学性质活泼，可以与机体内糖类、蛋白质、核酸及脂类等发生反应。破坏细胞内这些生命物质的化学结构，干扰细胞功能，造成对机体的各种损害。

（1）对脂肪酸的氧化损伤，产生脂质过氧化物和脂褐质

自由基往往首先作用于多不饱和脂肪酸（polyunsaturated fatty acid，PUFA），由于其分子中含有多个双键，会减弱邻近碳原子上烯丙基氢原子的键能，因而在此键能较低处容易引起自由基联锁反应，脱去烯丙基氢而形成自由基，进而形成过氧化脂质（见图8-1）。

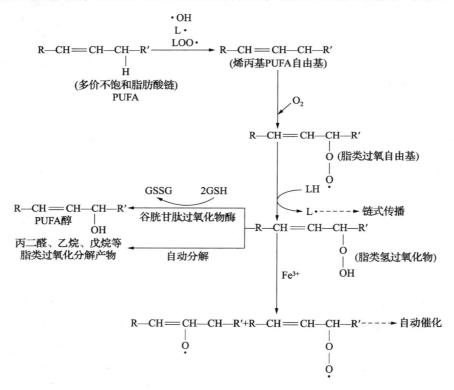

图8-1 脂类过氧化作用的过程

脂质过氧化作用的重要性还在于它能进一步分解产生醛，特别是丙二醛，后者可与含有游离氨基酸的蛋白质、磷脂酰乙醇胺、核酸等物质形成 Schiff 碱（见图8-2）。如果该蛋白质内有两个以上的游离氨基酸，便会发生分子间的交联，结果生成由异常键连接的比原有分子大许多倍的大分子，致使蛋白质变性、溶解度降低，影响其功能。如一些酶会因交联而失活。这些破坏了的细胞成分可被溶酶体吞噬。由于它们有异常键（醛亚胺键），

不易被溶酶体内水解酶消化，随着年龄增长而蓄积在细胞内形成所谓的脂褐质（见图8－3），脂褐质具有荧光，故又称为荧光色素（增龄色素）。含有较多不饱和脂肪酸的磷脂是构成生物膜的重要成分，如果自由基生成过多，膜中磷脂被氧化，导致膜中蛋白质、酶及磷脂交联，酶失活，膜的通透性改变，细胞的多种功能便可能受到损害。各类细胞器膜对过氧化更敏感，如线粒体膜受损伤，可导致能量生成受阻，微粒体上多聚核蛋白体解聚、脱落，抑制蛋白质合成。酶体膜受损，可释放出其中的水解酶类，轻则使蛋白质及细胞内多种物质水解，重则造成细胞自溶、组织坏死。因此，有学者认为，活性氧对生物体的真正危害可能并非活性氧本身，而是活性氧与脂质反应后生成的脂质过氧化物。

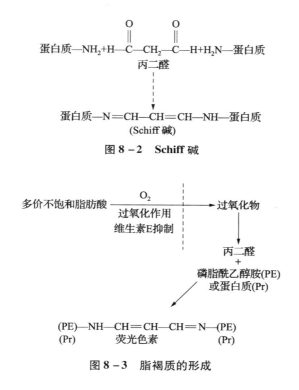

图8－2　Schiff 碱

图8－3　脂褐质的形成

（2）对核酸的氧化损伤

活性氧可对 DNA 产生碱基修饰和链断裂两大类损害。氧自由基能与核酸碱基或五碳糖发生反应，生成碱基自由基或在 DNA 的脱氧核糖部分形成自由基，如该反应发生在4′位碳原子处，会使 DNA 主链断裂，并产生醛类（如丙二醛）；还可能发生碱基缺失，造成遗传信息的突变。又如活性氧可与核酸反应，会形成许多不同类型的碱基修饰物，8－羟基鸟嘌呤最为常见，形成数量最多，故通常以它作为 DNA 氧化损害的重要指标。

DNA 链断裂在基因突变的形成过程中有重要意义，可能造成部分碱基的缺失，也可能引起癌基因的活化。有实验证实，活性氧可导致肿瘤抑制基因如 P53 的失活，从而导致肿瘤的发生。最近还有研究发现，DNA 损害后诱导一类蛋白激酶的活化，而这类激酶在识别 DNA 损害，转导 DNA 损害信号以及通过改变细胞代谢来促进 DNA 修复方面都起着必不可少的作用。

（3）对蛋白质的氧化损伤

蛋白质是自由基攻击的重要靶分子之一。几种蛋白质中关键的氨基酸对自由基的损害特别敏感，如精氨酸、赖氨酸等。蛋白质对脂质过氧化的自由基中间产物也是特别敏感，如烷氧自由基可与过氧化脂质紧密相联系的蛋白质反应。因此，自由基可直接作用于蛋白质，或通过与脂质过氧化后的产物作用，使蛋白质的多肽链断裂，个别氨基酸发生化学变化；或使蛋白质发生交联聚合作用，进而使细胞的功能发生变化。如羟自由基可直接作用于肽键，使肽键断裂，这一反应首先发生在化学性质比较活泼的α碳原子上，夺取α碳原子上的氢，使α碳原子氧化成过氧基。再与附近活泼氢结合成水，使肽键转变成亚胺基肽的中间产物。在酸性条件下，亚胺基肽水解而断裂，破坏蛋白质的一级结构。

此外，自由基可通过氧化性降解使多糖断裂，如影响脑脊液中的多糖，从而影响大脑的正常功能。还可使细胞膜寡糖链中糖分子羟基氧化生成不饱和的羰基或聚集成双聚物，从而破坏细胞膜上的多糖结构，影响细胞免疫功能的发挥。

（4）氧化损伤对机体的主要影响

① **衰老与自由基的累积损伤作用有关**：许多研究提示，在一些特定疾病的发病机制中自由基反应的重要地位。衰老过程中多种机制共同发挥作用，缺陷的线粒体和膜结构、遗传因子、甘油三酯和自由基都可能对衰老有促进作用。但是，现在发现在大多数的衰老模型中氧化还原调节的进程起着主导地位。抗氧化剂网络和它调节基因表达的能力已经把遗传衰老理论和自由基联系起来，并且为中老年对慢性疾病的易感性提供了强有力的解释。

Harman 提出了衰老的自由基理论，认为衰老的过程归咎于细胞和组织长期暴露于自由基的累积性损伤。因此，恢复完整的抗氧化剂网络或强化抗氧化剂复合链，可以用来战胜导致过早衰老和影响健康的因素。

② **氧化损伤与动脉粥样硬化**：动脉粥样硬化的指纹期，在血管内皮细胞内就有脂质（如胆固醇）的沉积。越来越多的证据表明，在巨噬细胞吞噬 LDL 前，首先是 LDL 的氧化。LDL 的氧化是一种危险因素，而且是致病作用。巨噬细胞吞噬了氧化型 LDL 形成泡沫细胞或者氧化型 LDL 释放有毒的脂质过氧化物，或者氧化型 LDL 具有化学吸引特性，导致动脉粥样硬化的形成。流行病学研究指出，摄入抗氧化剂与动脉粥样硬化预防有正相关关系。

③ **氧化损伤与肿瘤**：当细胞暴露于氧化应激时，可检测到 DNA 的碱基被修饰，如羟基胸腺嘧啶和羟基鸟嘌呤。DNA 的碱基修饰是致癌第一步，可能导致点突变、缺失或基因扩增。肿瘤始于细胞突变，在大量增殖后这些有害细胞生长，并开始侵入相邻细胞群中，掠夺营养物质。当肿瘤扩散后，侵润各种脏器组织中，使机体失去正常功能。肿瘤的发生多数都是与细胞中自由基损伤遗传物质有关。大量证据表明，抗氧化剂能有效地预防肿瘤，甚至与其他医疗方法联用能够治疗肿瘤。抗氧化剂不仅能控制自由基，而且还能通过活化或抑制基因来调控细胞增殖。只要保持好体内抗氧化剂的水平，就能防止原位肿瘤的发展。

3. 机体对活性氧的防御体系——抗氧化酶

在正常情况下，机体产生的自由基会迅速被体内的酶所清除，使自由基对机体的毒害作用降至较低的水平。体内清除自由基的酶有超氧化物歧化酶（superoxide dismutase，SOD），它可使超氧阴离子发生歧化反应生成过氧化氢和分子氧，由此生成的过氧化氢再经过氧化氢酶（catalase，CAT）或谷胱甘肽过氧化物酶（glutathione peroxidase，GSH – Px）的作用进一步分解为水。这三种酶组成了一个完整的防氧链条。

$$2O_2^{\cdot -} + 2H^+ \xrightarrow{\text{SOD}} H_2O_2 + O_2$$

$$H_2O_2 + 2GSH \xrightarrow{\text{GSH - Px}} GSSG + 2H_2O$$

$$2H_2O_2 \xrightarrow{\text{过氧化氢酶}} 2H_2O + O_2$$

SOD 属于金属酶，按照结合金属离子种类不同，该酶有以下三种：含铜与锌超氧化物歧化酶（Cu – ZnSOD）、含锰超氧化物歧化酶（Mn – SOD）和含铁超氧化物歧化酶（Fe – SOD）。三种 SOD 都催化超氧化物阴离子自由基歧化为过氧化氢与氧。实验证明 SOD 的活性是随龄下降的，机体消除自由基的能力也随龄降低。再加之老年人抗氧化剂摄入不足，$O_2^{\cdot -}$ 在体内积累，造成过氧化脂质和脂褐质含量上升，致使机体衰老。

谷胱甘肽过氧化物酶（GSH – Px）是机体内广泛存在的一种重要的过氧化物分解酶。硒是 GSH – Px 酶系的组成成分，它能催化还原型谷胱甘肽（GSH）变为 GSSG，使有毒的过氧化物还原成无毒的羟基化合物，同时促进 H_2O_2 的分解，从而保护细胞膜的结构及功能不受过氧化物的干扰及损害。GSH – Px 的活性中心是硒半胱氨酸，其活力大小可以反映机体硒水平。GSH – Px 酶系主要包括 4 种不同的 GSH – Px，分别为胞浆 GSH – Px、血浆 GSH – Px、磷脂氢过氧化物 GSH – Px 及胃肠道专属性 GSH – Px。过氧化氢酶（CAT）存在于各组织中，特别在肝脏中浓度较高，除了能促进 H_2O_2 的分解外，也能够氧化其他一些细胞毒性物质，如甲醛。

综上所述，提高人体 SOD 和 GSH – Px 活性，可降低过氧化脂质及脂褐质含量，以清除自由基对机体的氧化损伤。一些抗氧化剂，如维生素 C、维生素 E 可作为非酶防御系统，抑制或中断氧化损伤过程中自由基的链式反应。

二、衰老和衰老动物模型

1. 衰老

衰老通常是指人体在其生长发育达到成熟期以后，随着年龄的增长，在形态、结构和生理功能方面必然出现的一系列全身性、多方面的退行性变化，是机体各组织、器官功能随年龄增长而发生退行性变化的过程。衰老可以降低机体面对环境斜坡维持动态平衡的能力，从而增加机体患病和死亡的可能性。衰老与高血压、Ⅱ型糖尿病、动脉粥样硬化、老年痴呆等疾病密切相关。

机体的衰老与组织再生性细胞减少、脏腑虚损、机体内自由基增加、机体中毒、饮食无节律等相关，是机体内外多种因素（环境污染、精神紧张、遗传等）共同作用的结果。因此，对于衰老的机理也不是单一理论可以完全解释的。Harman 的自由基理论之后又发展出了衰老自由基 – 线粒体损伤假说、细胞分化、端粒损伤等多的理论。对这些衰老机理的研究，以及寻找抗衰老物质以期能在遗传学上所界定的寿限内延迟衰老，衰老动物模型是必不可缺的部分。无论采用自然衰老动物或者是人为使用某些化学物质导致衰老的动物模型都是人类研究衰老过程的有效手段。

2. 衰老动物模型

（1）自然衰老动物模型

选用 10 月龄以上大鼠或 8 月龄以上小鼠，按血中 MDA 水平分组，随机分为 1 个溶剂对照组和 3 个受试样品剂量组。3 个剂量组给予不同浓度受试样品，对照组给予同体积溶剂，实验结束时处死动物，测定脂质氧化产物含量、蛋白质羰基含量、还原性谷胱甘肽含量、抗氧化酶活力。

（2）化学方法诱发衰老动物模型

① D – 半乳糖氧化损伤模型：有研究显示，将 D – 半乳糖供给过量会显著提升机体的基础代谢率，因此过量产生活性氧及自由基，打破了受控于遗传模式的活性氧产生与消除的平衡状态，引起过氧化效应。

【操作步骤】选 25g ~ 30g 健康成年小鼠，除空白对照组外，其余动物用 D – 半乳糖 0.04g/kg ~ 1.2g/kg 颈背部皮下注射或腹腔注射造模，注射量为 0.1mL/10g，每日 1 次，连续造模 6 周。

开始灌胃受试物后，模型组和各剂量组在给予受试物的同时，继续维持每日颈背部皮下注射或腹腔注射给予相同剂量的 D – 半乳糖，直至末次灌胃。

【模型评价】造模结束后，将注射 D – 半乳糖小鼠眼眶取血，测定血清 MDA。选择其中 MDA 显著升高的鼠为造模成功动物。并按照 MDA 水平再次分组，进行后续动物实验。

② 乙醇氧化损伤模型：乙醇大量摄入，激活氧分子产生自由基，导致组织细胞过氧化效应及体内还原物质—还原性谷胱甘肽的耗竭。因此触发过量自由基的作用，引起过氧化效应。由于乙醇损伤属于急性氧化损伤，因此需在连续给予受试物 30d 后，末次灌胃后断食进行，数小时后即可出现损伤效应。

【操作步骤】选 25g ~ 30g 健康成年小鼠（或 180g ~ 220g 大鼠），按照正常实验设计分组，各组动物连续灌胃 30d 后，并且末次灌胃后，模型组对照组和 3 个剂量组禁食 16h（过夜），然后 1 次性灌胃给予 50% 乙醇 12mL/kg，6h 后取材（空白对照组不作处理，不禁食取材），测定各评价指标。

三、抗氧化功能评价指标及结果分析

1. 抗氧化功能评价动物实验方案

选用 10 月龄以上老龄大鼠或 8 月龄以上老龄小鼠，也可用氧化损伤模型鼠。单一性别，小鼠每组 10 只 ~ 15 只，大鼠 8 只 ~ 12 只。

实验按照体重随机分组，设 1 个模型对照组和 3 个受试样品剂量组，以人体推荐量的 5 倍为其中的一个剂量组，另设二个剂量组，必要时设阳性对照组、空白对照组（如构建化学损伤模型时）。受试样品给予时间 30d，必要时可延长至 45d。

实验期间，3 个剂量组经口给予不同浓度受试样品，模型对照组给予同体积溶剂，在给受试样品的同时，模型对照组和各剂量组继续给予相同剂量 D - 半乳糖颈背部皮下或腹腔注射，实验结束处死动物测脂质氧化产物含量、蛋白质羰基含量、还原性谷胱甘肽含量、抗氧化酶活力。

2. 评价指标的判定

（1）脂质氧化产物

受试样品组与模型（或老龄）对照组比较，过氧化脂质（丙二醛或 8 - 表氢氧异前列腺素）含量降低有统计学意义，判定该受试样品有降低脂质过氧化作用，该项指标结果阳性。

（2）蛋白质氧化产物

受试样品组与模型（或老龄）对照组比较，蛋白质羰基含量降低有统计学意义，判定该受试样品有降低蛋白质过氧化作用，该项指标结果阳性。

（3）抗氧化酶活力

受试样品组与模型（或老龄）对照组比较，抗氧化酶（SOD 或 GSH - Px）活力升高有统计学意义，判定该受试样品有升高抗氧化酶活力作用，该项指标结果阳性。

（4）抗氧化物质——GSH

受试样品组与模型（或老龄）对照组比较，GSH 含量升高有统计学意义，判定该受试样品有升高抗氧化物质——GSH 作用，该项指标结果阳性。

（5）结果判定

过氧化脂质含量、蛋白质羰基、抗氧化酶活力、GSH 四项指标中三项指标阳性，可判定该受试样品抗氧化动物实验结果阳性。

四、评价指标测定原理和实验方法

1. 丙二醛（MDA）含量的测定

【测定原理】MDA 是细胞膜脂质过氧化的终产物之一，测其含量可间接评估脂质过氧化的程度。在酸性、加热的条件下，1 个 MDA 分子与 2 个硫代巴比妥酸（TBA）分子发生反应，生成粉红色复合物，该红色产物与 MDA 含量成正比例关系。该粉红色物质在 532nm 有最大吸收峰，可用分光光法进行测定，从而间接确定样本中 MDA 含量。

【仪器与试剂】仪器包括紫外/可见分光光度计、恒温水浴锅、低速离心机、涡旋混匀器。试剂包括：

① 四乙氧基丙烷贮备液：取四乙氧基丙烷 0.024mL，甲醇定容至 100mL，终浓度为

1mmol/L。棕色瓶4℃保存1个月。

② 四乙氧基丙烷应用液：取贮备液10μL，以双蒸水定容至250mL，终浓度为40mol/mL。

③ 0.2mol/L乙酸钠溶液：称取无水乙酸钠8.2g，以双蒸水定容至500mL。

④ 0.2mol/L乙酸溶液：吸取冰醋酸5.7mL，以双蒸水定容至1000mL。

⑤ 0.2mol/L乙酸盐缓冲液（pH为3.5）：取0.2mol/L乙酸溶液185mL，0.2mol/L乙酸钠溶液15mL，混合均匀即可。

⑥ 8.1%十二烷基硫酸钠（SDS）：称取8.1g SDS，加100mL双蒸水。

⑦ 0.8%硫代巴比妥酸溶液：称取硫代巴比妥酸0.8g，加100mL双蒸水。

⑧ 0.2mol/L磷酸氢二钠溶液：称取$Na_2HPO_4 \cdot 12H_2O$ 35.814g，以双蒸水稀释定容至500mL。

⑨ 0.2mol/L磷酸二氢钾溶液：称取KH_2PO_4 13.609g，以双蒸水稀释定容至500mL。

⑩ 0.2mol/L磷酸缓冲液：取0.2mol/L磷酸氢二钠溶液192mL，0.2mol/L磷酸二氢钾溶液48mL，混合均匀即可。

【实验步骤】

① 2%溶血样品：取未凝集全血20μL加入0.98mL蒸馏水，混合均匀，备用。

② 血清样品：取血0.5mL～1mL室温静置10min，3000r/min离心10min，取上清液待测。

③ 10%（m/V）组织匀浆样品：取1g所需脏器，生理盐水冲洗、拭干、剪碎，置匀浆器中，加入0.2mol/L磷酸盐缓冲液10mL，匀浆至无组织块。3000r/min离心10min，取上清液待测。

④ 实验测定按表8-2操作。

表8-2 操作

加入物	空白管	标准管	样品管
蒸馏水*/mL	0.8/0.8/0.8	0.6/0.7/0.7	0.6/0.7/0.7
四乙氧基丙烷标准溶液*/mL	0/0/0	0.2/0.1/0.1	0/0/0
2%溶血样品/或血清样品/或10%组织匀浆样品*/mL	0/0/0	0/0/0	0.2/0.1/0.1
8.1% SDS/mL	0.2	0.2	0.2
0.2mol/L乙酸盐缓冲液/mL	1.5	1.5	1.5
0.8%硫代巴比妥酸溶液/mL	1.5	1.5	1.5
混匀，避光沸水浴60min，自来水冷却，532nm比色			
注：带有*标记的三种试剂，2%溶血样品按照"/－－－/"最左侧体积加样；血清样品按照"/－－－/"中间内容加样；10%组织匀浆样品按照"/－－－/"最右侧体积加样。其他操作不变。			

【结果计算】 按下式计算不同样品中 MDA 含量：

$$MDA\ 含量(nmol/mL\ 血清) = \frac{A_{样品} - A_{空白}}{A_{标准} - A_{空白}} \times 标准应用液浓度$$

$$MDA\ 含量(nmol/mL2\%\ 溶血液) = \frac{A_{样品} - A_{空白}}{A_{标准} - A_{空白}} \times 标准应用液浓度$$

$$MDA\ 含量(nmol/mg\ 组织) = \frac{A_{样品} - A_{空白}}{A_{标准} - A_{空白}} \times 标准应用液浓度 \times \frac{1}{0.1 \times 1000}$$

式中，0.1 为 10% 组织匀浆样品制备中取样比例；1/1000 为 g 与 mg 的单位转换。

2. 8-表氢氧异前列腺素含量的测定

【测定原理】 8-表氢氧异前列腺素（8-Isoprostane）经自由基催化不饱和脂肪酸脂质过氧化（非酶促反应）后的终末产物，一个分子量为 354.5 的小分子脂类物质（前列腺素 F2a 的异构体）。因此，它可以作为体内脂质氧化应激反应稳定而具有特异性的标志物，其含量能间接反映因机体内自由基的产生而导致组织细胞的脂质过氧化损伤程度。

【仪器与试剂】 仪器包括酶标仪、生化培养箱、微量振荡器、微量加样器、洗板机。试剂为：8-Isoprostane KIA Kit（酶联免疫试剂盒），包括 8-Isoprostane EIA 抗体血清、8-Isoprostane AChE 示踪物、8-Isoprostane EIA 标准品、EIA 缓冲液、洗涤缓冲液、吐温 20、鼠抗-兔 IgG 抗体、EIA 示踪染色剂、EIA 抗体血清染色剂、Ellman's 试剂。

【实验步骤】

① **样品制备：** 小鼠眼内眦静脉丛取血，3000r/min 离心 10min。取上清液，用 EIA 缓冲液稀释 15 倍备用。

② **测定：** 按试剂盒说明（见表 8-3）操作，标准孔浓度分别为 500pg/mL、200pg/mL、80pg/mL、32pg/mL、12.8pg/mL、5.1pg/mL、2.0pg/mL、0.8pg/mL。

表 8-3　操作

步 骤	试 剂	空白/μL	TA/μL	NSB/μL	B_0/μL	标准/μL	样品/μL
1）加试剂	EIA 缓冲液	—	—	100	50	—	—
	标准	—	—	—	—	50	—
	样品	—	—	—	—	—	50
	AChE 示踪物	—	—	50	50	50	50
	抗体血清	—	—	—	50	50	50
2）培养	用封板膜盖好酶标板，并在 4℃ 避光条件下培养 18h						
3）清洗	清洗所有反应孔 5 次						
4）加试剂	AChE 示踪物	—	5	—	—	—	—
	Ellman's	200	200	200	200	200	200
5）培养	用封板膜盖好酶标板，并在常温避光条件下培养 45min～90min						
6）读数	在波长 412nm 处测量各孔吸光度（B_0 在 0.3～1.0 AU 范围）						

【结果计算】

$$B/B_0 = \frac{标准或样品孔吸光度 - NSB\ 孔吸光度}{B_0\ 孔吸光度 - NSB\ 孔吸光度} \times 100\%$$

以标准物的浓度的对数（log）为横坐标，B/B_0 为纵坐标绘制标准曲线，亦可将数据转换成 logit（B/B_0）或 $\ln[B/B_0/(1 - B/B_0)]$ 为纵坐标绘制标准曲线，计算回归方程。将样品的 B/B_0 值，代入方程式，计算出样品的浓度，再乘以稀释倍数，即为样品中的 8 - 表氢氧异前列腺素浓度。

3. 蛋白质羰基含量的测定

【测定原理】 H_2O_2 或 $O_2^{\cdot-}$ 自由基对蛋白质氨基酸侧链的氧化可导致羰基产物的积累。羟自由基也可直接作用于肽链，使肽链断裂，引起蛋白质一级结构的破坏，在断裂处产生羰基。羰基化蛋白极易相互交联、聚集为大分子从而降低或失去原有蛋白质的功能，蛋白质羰基含量可直接反映蛋白质损伤的程度。蛋白质羰基形成是多种氨基酸在蛋白质的氧化修饰过程中的早期标志，它随着年龄的增长而增加。被氧化后的蛋白质羰基含量增多，羰基可与 2,4 - 二硝基苯肼反应生成 2,4 - 二硝基苯腙，2,4 - 二硝基苯腙为红棕色的沉淀，将沉淀用盐酸胍溶解后即可在分光光度计上读取 370nm 下的吸光度值，从而测定蛋白质的羰基含量。

【仪器与试剂】 仪器包括紫外分光光度计、微量加样器、生化培养箱、恒温水浴锅、低温高速离心机、混旋器、2mL 离心管。试剂包括：

① 10mmol/L HEPES 缓冲液（pH 值为 7.4）：2.38 克 N - 2 - 羟乙基哌嗪 - 2' - 乙磺酸（HEPES）溶入 1000mL 双蒸馏水，用 1mol/L NaOH 调 pH 值至 7.4，4℃保存。

② 100g/L 硫酸链霉素：1g 硫酸链霉素，溶入 10mL 双蒸馏水，4℃避光保存。

③ 2mol/L HCL：量取 83mL 分析纯盐酸，以蒸馏水稀释定容至 1L。

④ 10mmol/L 2,4 - 二硝基苯肼（DNPH）：99mg 2,4 - 二硝基苯肼用 50mL 2mol/L HCL 溶解，4℃避光保存。

⑤ 200g/L 三氯乙酸（TCA）：称取 200g TCA，以蒸馏水溶解定容至 1L。

⑥ 6mol/L 盐酸胍：称取 574g 盐酸胍，以蒸馏水溶解定容至 1L。

⑦ 无水乙醇乙酸乙酯混合应用液：将无水乙醇和乙酸乙酯按照体积分数 1：1 的配置制成混合溶液，现用现配。

【实验步骤】

① 血清样品：取血 0.5mL ~ 1mL 室温静置 10min，3000r/min 离心 10min，取上清液待测。

② 组织匀浆上清液：取 0.1g 组织，在冰的生理盐水中漂洗，以去掉表面的血迹。加入 0.9mL 冰的 10mmol/L HEPES 缓冲液（pH 值为 7.4），制成 10% 的匀浆。将匀浆液以 3000r/min 的转速离心 10min，保留上清。取 100g/L 的硫酸链霉素溶液 50μL，加入上清液 450μL（体积比为 1：9），室温放置 10min 后，11000r/min 离心 10min，取上清液待测。

③ 实验测定按照表 8 - 4 操作。

表 8 - 4　操作

试　　剂	测 定 管	对 照 管
血清/组织匀浆上清液/mL	0.1	0.1
10mmol/L 2,4 - 二硝基苯肼/mL	0.4	—
2mol/L HCL/mL	—	0.4
涡旋混匀 1min，37℃准确避光反应 30min		
200g/L 三氯乙酸/mL	0.5	0.5
涡旋混匀 1min，以 4℃下，12000r/min 离心 10min，弃上清，留沉淀		
无水乙醇乙酸乙酯混合应用液/mL	1.0	1.0
涡旋混匀 1min，4℃，12000r/min 离心 10min，弃上清，留沉淀。无水乙醇乙酸乙酯清洗同上操作重复 3 次。沉淀留用		
6mol/L 盐酸胍/mL	1.25	1.25
混匀后，37℃准确水浴 15min		

④ 涡旋混匀，将全部沉淀溶解，12000r/min 离心 15min，取上清液在 370nm 处比色，6mol/L 盐酸胍试剂调零，测定吸光度。

⑤ 用双缩脲法测定血清/组织匀浆上清液的蛋白质含量。

注：如用试剂盒，可按试剂盒的操作要求进行。

【结果计算】按下式计算蛋白质羰基含量：

$$蛋白质羰基含量(nmol/mgprot) = \frac{测定管吸光度 - 对照管吸光度}{22 \times 比色光径(cm) \times 样本蛋白浓度(mg/L)} \times 125 \times 10^5$$

【注意事项】

① 加入硫酸链霉素：在匀浆上清液中加入硫酸链霉素溶液的作用是沉淀核酸。核酸中的一些碱基如鸟嘌呤、胞嘧啶、尿嘧啶和胸腺嘧啶等也含有羰基，如不去除核酸，这些碱基就会与 DNPH 结合，并反应生成有色物质，这些物质会增加最后溶液的吸光度，使结果偏大。

② DHPH 的溶解：DNPH 不溶于水，只能溶于稀酸和稀碱等溶液，因此，用 2mol/L HCL 来溶解 DNPH。设对照管是为了避免 HCL 与反应液中一些物质反应生成对比色有影响的物质。

③ 反应体系应避光：当蛋白质溶液中加入 DNPH 进行反应时，反应体系需置于黑暗中，因为 DNPH 不稳定，见光会分解。如果反应体系遇到光，DNPH 分解，体系中会有剩余的没有变成蛋白质腙衍生物，对反应比色有影响。

④ 去除未与蛋白质结合的 DNPH：由于 DNPH 在 370nm 左右有强烈的光吸收，因而用乙醇乙酸乙脂混合应用液反复洗涤沉淀，去掉未与蛋白质结合的 DNPH；否则会增加吸光值。

4. SOD 活性的测定

【测定原理】 通过黄嘌呤和黄嘌呤氧化酶反应体系产生超氧阴离子自由基（O_2^{-}），后者氧化羟胺最终生成亚硝酸盐。亚硝酸盐在对氨基苯磺酸及甲萘胺作用下生成紫红色物质。当被测样本中含有 SOD 时，SOD 消除 O_2^{-} 后形成的亚硝酸盐减少，表现为紫红色颜色消褪，消褪的程度与 SOD 活性成正比。该紫红色物质在 530nm 处有最大吸收，以分光光度法进行测定。

【仪器与试剂】 仪器包括恒温水浴锅、低速离心机、紫外/可见分光光度计。试剂包括：

① 1/15mol/L 磷酸氢二钠溶液：称取 $Na_2HPO_4 \cdot 2H_2O$ 11.876g，以蒸馏水稀释定容至 1000mL。

② 1/15mol/L 磷酸二氢钾溶液：称取 KH_2PO_4 4.539g，以蒸馏水稀释定容至 500mL。

③ 1/15mol/L pH 值为 7.8 磷酸盐缓冲液（PBS）：取 1/15mol/L 磷酸氢二钠溶液 900mL，1/15mol/L 磷酸二氢钾溶液 100mL，混合均匀即可。

④ 10mmol/L 盐酸羟胺溶液：称取盐酸羟胺 6.95mg，加 PBS 至 10mL。

⑤ 0.1mol/L NaOH 溶液：称取 NaOH 0.4g，以双蒸水定容至 100mL。

⑥ 7.5mmol/L 黄嘌呤溶液：称取黄嘌呤 11.41mg，加 0.1mol/L NaOH 2.5mL 溶解，加 PBS 至 10mL。

⑦ 0.2mg/mL 黄嘌呤氧化酶：取 10mg/mL 黄嘌呤氧化酶标准品 0.2mL 加冰冷 PBS 9.8mL 至 10mL。

⑧ 0.1% 甲萘胺：称取 α - 甲萘胺 0.2g 溶于 40mL 沸蒸馏水，冷却至室温。加入 50mL 冰醋酸，再加 110mL 凉蒸馏水至 200mL。

⑨ 0.33% 对氨基苯磺酸：取对氨基苯磺酸 0.66g 溶于 150mL 温蒸馏水，加 50mL 冰醋酸至 200mL。

【实验步骤】

① 血清样品：取血 0.5mL ~ 1mL 室温静置 10min，3000r/min 离心 10min，取上清液待测。

② 红细胞抽提液制备：10μL 全血加入到 0.5mL 生理盐水中。2000r/min 离心 3min，弃去上清液。向沉淀中加入预冷的双蒸水 0.2mL 混匀，加入 95% 乙醇 0.1mL，振荡 30s，加入三氯甲烷 0.1mL，置快速混合器抽提 1min。以 4000r/min 离心 3min，分层。上层为 SOD 抽提液；中层为血红蛋白沉淀物；下层为三氯甲烷。吸取上层抽提液，记录体积后，备用。取一部分抽提液，测定血红蛋白含量（测定方法见 7. 附录）。

③ 1% 组织匀浆的制备：剪取一定量的所需脏器，生理盐水冲洗、拭干、称量、剪碎，至玻璃匀浆器中加入预冷的生理盐水匀浆，制成 1% 组织匀浆。以 3000r/min 离心 10min，取上清液待测。取部分上清液，测定其中蛋白质含量（测定方法见 "7. 附录"）。

④ 实验测定按表 8 - 5 操作。

表 8-5 操作

加 入 物	测 定 管	对 照 管
PBS/mL	1.0	1.0
样品/mL	*	—
10mmol/L 盐酸羟胺/mL	0.1	0.1
7.5mmol/L 黄嘌呤/mL	0.2	0.2
0.2mg/mL 黄嘌呤氧化酶/mL	0.2	0.2
双蒸水/mL	0.49	0.49
混匀,37℃恒温水浴 30min		
0.33% 对氨基苯磺酸/mL	2.0	2.0
0.1% 甲萘胺/mL	2.0	2.0
混匀,静置 15min,1cm 光径比色杯,蒸馏水调零,530nm 测定吸光度		

注:带有 * 为血清样品 20μL ~ 30μL;红细胞抽提液 10μL;1% 组织匀浆液 10μL ~ 40μL。

【结果计算】 按照以下公式计算各种不同样品中 SOD 活力:

公式 1:

$$SOD\ 抑制率(\%) = \frac{对照管吸光度 - 测定管吸光度}{对照管吸光度} \times 100$$

公式 2（不同样品）:

$$SOD\ 活力(U/mL\ 血清) = \frac{SOD\ 百分抑制率}{50\%} \times \frac{反应液总量(6mL)}{取样量}$$

式中,1U 为每毫升反应液中 SOD 抑制率达到 50% 时所对应的 SOD 量为一个 SOD 活力单位。

$$SOD\ 活力(U/mg\ 蛋白) = \frac{SOD\ 百分抑制率}{50\%} \times \frac{反应液总量(6mL)}{取样量} \div$$
$$组织中蛋白含量(mg/mL)$$

式中,1U 为每毫克组织蛋白在 1mL 反应液中 SOD 抑制率达到 50% 时所对应的 SOD 量为一个 SOD 活力单位。

$$SOD\ 活力(U/g\ 血红蛋白) = \frac{SOD\ 百分抑制率}{50\%} \times \frac{反应液总量(6mL)}{\frac{测定用抽提液量}{抽提液总量}} \times \frac{1mL}{采血量} \div$$
$$血红蛋白含量(gHb/mL)$$

式中,1U 为全血中每克血红蛋白在 1mL 反应液中 SOD 抑制率达到 50% 时所对应的 SOD 量为一个 SOD 活力单位。

5. GSH-Px 活力的测定

【测定原理】 谷胱甘肽过氧化物酶（GSH-Px）的活力以催化 GSH 氧化的反应速度和单位时间内 GSH 减少量来表示。GSH 和 5,5′-二硫对硝基苯甲酸（DTNB）反应在

GSH－Px 催化下可生成黄色的 5－硫代 2－硝基苯甲酸阴离子，于 423nm 波长有最大吸收峰。测定该离子浓度，即可计算出 GSH 减少的量。由于 GSH 能进行非酶反应氧化，所以最后计算酶活力时，必须扣除非酶反应所引起的 GSH 减少，才能客观反映出 GSH－Px 的活力变化。

【仪器与试剂】仪器包括恒温水浴锅、低速离心机、低温高速离心机、紫外/可见分光光度计。试剂包括：

① 叠氮钠磷酸缓冲液（pH 值为 7.0）：称取 NaN_3 16.25mg、EDTA－Na_2 7.44mg、Na_2HPO_4 1.732g、NaH_2PO_4 1.076g，加蒸馏水至近 100mL。以少量 HCL、NaOH 调 pH 值为 7.0，4℃保存。

② 1mmol/L 谷胱甘肽（还原型 GSH）溶液：称取 GSH 30.7mg 加叠氮钠磷酸缓冲液至 100mL，临用前配制，冷冻保存 1d～2d。

③ 1.25mmol/L～1.5mmol/L H_2O_2 溶液：取 0.15mL～0.17mL 30% H_2O_2，用双蒸水稀释至 100mL，作为贮备液，4℃避光保存。临用前将贮备液用双蒸水稀释 10 倍使用。

④ 10mmol/L 盐酸羟胺溶液：称取盐酸羟胺 6.95mg，加 PBS 至 10mL。

⑤ 偏磷酸沉淀液：称取 16.7g HPO_3，加蒸馏水至 1000mL。待 HPO_3 全部溶解后，加入 EDTA 0.5g，NaCl 280g。全部溶解后，普通滤纸过滤，室温保存。

⑥ 0.32mol/L Na_2HPO_4 溶液：称取 Na_2HPO_4 22.7g 加蒸馏水至 500mL，室温保存。

⑦ DTNB 显色液：称取 DTNB 40mg，柠檬酸三钠 1g，加蒸馏水至 100mL，4℃避光保存 1 个月。

⑧ 0.2mol/L 磷酸氢二钠溶液：称取 $Na_2HPO_4 \cdot 12H_2O$ 35.814g，以双蒸水稀释定容至 500mL。

⑨ 0.2mol/L 磷酸二氢钾溶液：称取 KH_2PO_4 13.609g，，以双蒸水稀释定容至 500mL。

⑩ 0.2mol/L 磷酸缓冲液：取 0.2mol/L 磷酸氢二钠溶液 192mL，0.2mol/L 磷酸二氢钾溶液 48mL，混合均匀即可。

【实验步骤】

① 溶血液：取全血 10μl 加入到 1mL 双蒸水中，充分振摇，使之全部溶血，待测。4h 内测定酶活力。稀释比例为 1∶100。

② 5% 组织匀浆液：取一定量所需脏器，放入预冷的生理盐水中洗去浮血，剔除脂肪及结缔组织，滤纸吸干后，在冰浴上剪成碎块，称取适量组织至匀浆器，加入预冷的 0.2mol/L 磷酸缓冲液，匀浆（操作在冰浴中进行）。匀浆液 4℃下 12500g 离心 10min，当天测定上清液的酶活力。另取部分上清液，测定其中蛋白质含量（测定方法见"7. 附录"）。

③ 样品测定按照表 8－6 操作。

④ GSH 标准曲线绘制：准确量取 1.0mmol/L GSH 溶液 0mL、0.2mL、0.4mL、0.6mL、0.8mL、1.0mL，分别置于 10mL 容量瓶，各加入偏磷酸沉淀剂 8mL，双蒸水稀释至 10mL 刻度，即浓度为 0μmol/L、20μmol/L、40μmol/L、60μmol/L、80μmol/L、100μmol/L 的 GSH 标准液。取上述不同浓度标准液各 2mL，加入 2.5mL 0.32mol/L Na_2HPO_4，加入 DTNB 显色液 0.5mL。1cm 比色杯，5min 内 423nm 测吸光度，双蒸水调零。

以 GSH 含量（μmol/L）为横坐标，OD423 值为纵坐标，绘制标准曲线，计算曲线斜率。

表 8 - 6　操作

加入物	样 本 管	非 酶 管	空 白 管
1mmol/L GSH/mL	0.4	0.4	—
样品①/mL	0.4	—	—
双蒸水②/mL	—	0.4	—
37℃水浴，预热 5min			
H₂O₂（37℃预热）/mL	0.2	0.2	—
37℃水浴，准确反应 3min（严格控制时间）			
偏磷酸沉淀液/mL	4	4	—
以 3000r/min 转速离心 10min			
离心上清液/mL	2	2	—
双蒸水/mL	—	—	0.4
偏磷酸沉淀液/mL	—	—	1.6
0.32mol/L Na₂HPO₄ 溶液/mL	2.5	2.5	2.5
DTNB 显色液/mL	0.5	0.5	0.5
显色 1min 后，1cm 光径比色杯，423nm 测定吸光度，5min 内读数准确			
① 溶血液，取样 0.1mL～0.4mL；5% 组织匀浆液，1：20 稀释后，取样 0.4mL。 ② 样品为组织上清液时，非酶管改为加热使酶失活的组织上清液。			

【结果计算】

① 全血 GSH - Px 活力按下式计算：

$$\text{GSH - Px 活力（U/mL 全血）} = \frac{\log[\text{非酶管吸光度} - \text{空白管吸光度}] - \log[\text{样品管吸光度} - \text{空白管吸光度}]}{3(\min) \times 0.004(\text{mL})}$$

式中，1U 为每 1mL 全血、每分钟、扣除非酶反应的 log［GSH］降低后，使 log［GSH］降低 1 为一个酶活力单位。

② 组织 GSH - Px 活力按下式计算：

$$\text{组织 GSH - Px 比活力（U/mg 蛋白）} = \frac{(\text{非酶管吸光度} - \text{样品管吸光度}) \times K \times 5}{3(\min) \times \text{样品蛋白质质量（mg）}}$$

式中，K 为标准曲线斜率；1U 为每毫克蛋白质、每分钟、扣除非酶反应，使 GSH 浓度降低 1μmol/L 为一个酶活力单位。

6. 还原型 GSH 的测定

【测定原理】谷胱甘肽是一种低分子清除剂，它可清除 O_2^-、H_2O_2、LOOH。谷胱甘肽是谷氨酸、甘氨酸和半胱氨酸组成的一种三肽，是组织中主要的非蛋白质的巯基化合物，是 GSH - Px 和 GST 两种酶类的底物，为这两种酶分解氢过氧化物所必需，它能稳定含巯基的酶，并防止血红蛋白及其他辅助因子受氧化损伤，缺乏或耗竭 GSH 会促使许多化学物质或环境因素产生中毒作用，GSH 量的多少是衡量机体抗氧化能力大小的重要因素。GSH - 和 5，5′-二硫对硝基甲酸（DTNB）反应在 GSH - Px 催化下可生成黄色的5-硫代2-硝基甲酸阴离子，于 420nm 波长有最吸收峰，测定该离子浓度，即可计算 GSH 的含量。

【仪器与试剂】 仪器包括可见光分光光度计、低温高速离心机、匀浆器、恒温水浴锅、微量加样器。试剂包括：

① 0.9% 生理盐水：称取 NaCl 9g，加入 1L 蒸馏水溶解备用。

② 4% 磺基水杨酸溶液：称取黄基水杨酸4g，加入 96mL 蒸馏水溶解备用。

③ 0.1mol/L PBS 溶液（pH 值为 8.0）：称取 Na_2HPO_4 13.452g，KH_2PO_4 0.722g，加蒸馏水至 1000mL。

④ 0.004% DTNB 溶液：称取 DTNB 40mg 溶于 1000mL 的 0.1mol/L PBS 溶液（pH 值为 8.0）中。

⑤ 叠氮钠缓冲液：称取以下物质：NaN_3 16.25mg、EDTA - Na_2 7.44mg、Na_2HPO_4 1.732g、NaH_2PO_4 1.076g，加蒸馏水至 1000mL，用少量 HCl、NaOH 调 pH 值为 7.0，4℃保存。

⑥ 标准溶液：称取还原型 GSH 15.4mg，加叠氮钠缓冲液至 50mL，终浓度为 1mmol/L，临用前配制。

【实验步骤】

① 溶血液上清液：取 0.1mL 抗凝全血加双蒸水 0.9mL（1∶9 溶血液），充分混匀，直至透亮为止。取溶血液 0.5mL 加 4% 磺基水杨酸 0.5mL 混匀，室温下以 3500r/min 转速离心 10min，取上清液备用。

② 血清上清液：取 0.1mL 血清加 4% 磺基水杨酸 0.1mL 混匀，室温下以 3500r/min 转速离心 10min，取上清液备用。

③ 组织上清液：取组织 0.5g 加生理盐水 4.5mL 充分研磨成细浆（10% 肝匀浆），混匀后取浆液 0.5mL 加 4% 磺基水杨酸 0.5mL 混匀，室温下以 3500r/min 转速离心 10min，取上清液备用。

④ 溶血液或组织样品测定按表 8-7 操作。混匀，室温放置 10min 后，420nm 处测定吸光度。

表 8-7　操作

加入物	测定管	空白管
上清液/mL	0.5	—
4% 磺基水杨酸/mL	—	0.5
DTNB/mL	4.5	4.5

⑤ 血清样品测定按表 8-8 操作。混匀，室温放置 10min 后，420nm 处测定吸光度。

表 8 - 8　操作

加入物	测定管	空白管
上清液/mL	0.1	—
4% 磺基水杨酸/mL	—	0.1
DTNB/mL	0.9	0.9

注：该指标检测，需新鲜样品取材后当天完成。用双缩脲法测定血清（或溶血液）、组织匀浆蛋白质含量。如用试剂盒，可按试剂盒的操作要求进行。

⑥ 标准曲线测定：取 1mmol/L GSH 标准溶液 0μL、10μL、20μL、50μL、100μL、150μL、200μL，分别加入生理盐水至 0.5mL，即得到 0μmol/L、20μmol/L、40μmol/L、100μmol/L、200μmol/L、300μmol/L、400μmol/L 的 GSH 标准液系列，各管加入 DTNB 4.5mL（见表 8 - 9），混匀，室温放置 10 min 后，空白管调零，420nm 处测定吸光度。以浓度为横坐标，吸光度为纵坐标，做标准曲线。

表 8 - 9　标准曲线溶液配制

编　　号	1	2	3	4	5	6	7
1mmol/L GSH/mL	0	0.01	0.02	0.05	0.10	0.15	0.20
生理盐水/mL	0.50	0.49	0.48	0.45	0.40	0.35	0.30
DTNB/mL	4.50	4.50	4.50	4.50	4.50	4.50	4.50
GSH 量/μmol/L	0	20	40	100	200	300	400

【结果计算】

样品 GSH 含量 = 对应曲线浓度值（μmol/L）× 溶血液稀释倍数 × 上清液稀释倍数（μmol/L 全血）

　　　　　　 = 对应曲线浓度值（μmol/L）× 10 × 2

样品 GSH 含量 = 对应曲线浓度值（μmol/L）× 上清液稀释倍数（μmol/L 血清）

　　　　　　 = 对应曲线浓度值（μmol/L）× 2

样品 GSH 含量 = 对应曲线浓度值（μmol/L）× 上清液稀释倍数 ÷ 上清液组织含量（μmol/g 组织）

　　　　　　 = 对应曲线浓度值（μmol/L）× 2 ÷ 100g 组织/L

样品 GSH 含量 = 对应曲线浓度值（μmol/L）× 上清液稀释倍数 ÷ 上清液蛋白含量（μmol/g prot）

　　　　　　 = 对应曲线浓度值（μmol/L）× 2 ÷ 匀浆 g prot/L

注：μmol/g prot 表示每克蛋白含有 μmol 的量，prot 为蛋白质 protein 的简写。

7. 附录（血红蛋白和总蛋白含量测定）

（1）血红蛋白的测定

同本书第十章中四、1. 血红蛋白测定。

（2）考马斯亮蓝法测定蛋白质浓度

【测定原理】考马斯亮兰是一种染料，存在红色和蓝色两种不同的颜色形式。它和蛋白质通过范德华力结合，在一定蛋白质浓度范围内，二者的结合复合比尔定律。当考马斯亮兰与蛋白质结合后其颜色会由红色转变成蓝色，最大光吸收由 465nm 转变到 595nm。通过测定 595nm 处光吸收的增加可获得与其结合的蛋白质的量。

【仪器和试剂】仪器为紫外/可见分光光度计。试剂包括：

① 考马斯亮兰试剂：称取考马斯亮兰 G－250 100mg，溶于 50mL 95% 乙醇中，加入 100mL 磷酸，以蒸馏水稀释定容至 1000mL，滤纸过滤。

② 0.15mol/LNaCl 溶液：称取 NaCl 0.4g，蒸馏水定容 100mL。

③ 蛋白标准溶液：称取 100mg 结晶牛血清白蛋白，以 0.15mol/L NaCl 溶液溶解定容 100mL。终浓度为 1mg/mL。

【实验步骤】样品测定按照表 8－10 操作。

表 8－10　操作

试管编号	0	1	2	3	4	5	6	样品
蛋白标准溶液/mL	0	0.01	0.02	0.03	0.04	0.05	0.06	—
样品/mL	—	—	—	—	—	—	—	A
0.15mol/L NaCl/mL	0.1	0.09	0.08	0.07	0.06	0.05	0.04	0.1－A
考马斯亮兰/mL	5	5	5	5	5	5	5	5
摇匀，1h 内以 0# 管为空白，595nm 下比色								

【结果计算】以吸光值为纵坐标，标准蛋白含量为横坐标，绘制标准曲线，计算线性回归方程。将样品管吸光值带入方程，计算得出样品中蛋白质含量。

（3）双缩脲法测定蛋白质浓度

【测定原理】将尿素加热至 180℃时，两分子尿素缩合释放出一分子氨，生成一个双缩脲分子，该分子可以在碱性条件下与铜离子（Cu^{2+}）结合形成复杂的紫红色络合物，即双缩脲反应。蛋白质或多肽分子中由于含有与双缩脲分子相似的肽键，因此也具有双缩脲反应，生成的铜双缩脲复合物的颜色与蛋白质的含量呈正比，可用来测定蛋白质的浓度。

【仪器和试剂】仪器包括恒温水浴、分光光度计。试剂包括：

① 浓氨水（体积分数为 28%）。

② 0.05mol/L 氢氧化钠溶液：称取 0.2g 氢氧化钠，以蒸馏水溶解定容至 100mL，混合均匀后使用。

③ 饱和氢氧化钠溶液：称取 4g 氢氧化钠，以蒸馏水溶解定容至 100mL，放置至室温后使用。

④ 双缩脲试剂：称取 0.175g 硫酸铜（$CuSO_4 \cdot 5H_2O$）置于 100mL 容量瓶，加入约 15mL 蒸馏水溶解，再加入 30mL 浓氨水，30mL 冰冷的蒸馏水和 20mL 饱和氢氧化钠溶液，摇匀，室温放置 1h～2h，再以蒸馏水定容，混匀，备用。

⑤ 标准蛋白质溶液：称取牛血清白蛋白或酪蛋白标准品 0.5g，以 0.05mol/L 氢氧化钠溶液溶解并定容至 50mL，终浓度为 10mg/mL。

【实验步骤】样品测定按照表 8-11 操作。

表 8-11　操作

试管编号	0	1	2	3	4	5	样品
蛋白标准溶液/mL	0	0.2	0.4	0.6	0.8	1.0	—
样品/mL	—	—	—	—	—	—	A
蒸馏水/mL	1.0	0.8	0.6	0.4	0.2	0.0	0.1 - A
双缩脲试剂/mL	4.0	4.0	4.0	4.0	4.0	4.0	4.0
充分混匀，室温下放置 30min，以 0 号管调零，540nm 下测定各管吸光度							
注：如样品浓度超过曲线范围，可将样品适当稀释。							

【结果计算】以吸光值为纵坐标，标准蛋白含量为横坐标，绘制标准曲线，计算线性回归方程。将样品管吸光值带入方程，计算得出样品中蛋白质含量。如样品经过稀释，需加入稀释倍数。

第九章 通便功能

一、肠道和肠道运动

1. 肠道的结构

消化系统是机体消化食物和吸收营养物质的器官。消化系统包括消化道和消化腺，食物在消化道内接受消化腺分泌的消化液而对食物进行消化，并吸收入血（见图9-1）。小肠是消化道中吸收食物营养成分的主要场所，不能被吸收的食物成分在大肠形成粪便被排出体外。

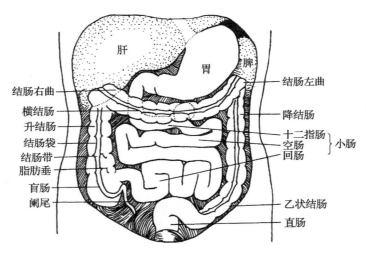

图9-1 消化道组成

（1）小肠(small intestine)

上起胃幽门，下接盲肠，在成人体内全长5m~7m。从上至下依次分为十二指肠、空肠与回肠三部分。食物在小肠内接受胰液、胆汁和小肠液的化学性消化和小肠运动形成的机械性消化，最终在小肠食物逐渐被分解为简单的可吸收的小分子物质，经小肠绒毛上皮细胞吸收入血。

① **小肠的分部：十二指肠**(duodenum) 介于胃与空肠之间，是小肠的起始段。成人的十二指肠长度为20cm~25cm，管径4cm~5cm，是小肠中长度最短、管径最大、位置最深且最为固定的小肠段。胰管与胆总管均开口于十二指肠。十二指肠的形状呈 C 形，包统胰头，可分上部、降部、水平部和升部4个部分。

空肠(intestinum jejunum) 和回肠(intestinum ileum) 绕于腹腔的中、下部，两者间无明显的界限。上端起于十二指肠，下端与盲肠相连。空肠约占空回肠的上 2/5，主要位于左外侧区和脐区，其特点是血管丰富，较红润，管壁厚管腔大，黏膜面有高而密的环形皱襞，并可见许多散在的孤立淋巴滤泡。回肠约占空、回肠的下 3/5，主要位于脐区和右髂区，其特点是色淡红，管壁薄管径小，黏膜面环形皱襞稀疏。

② **小肠的组织结构**：小肠各部肠壁结构大致相同，由外向内分为浆膜层、肌层、黏膜下层和黏膜层（见图 9 - 2）。浆膜层由疏松结缔组织和间皮细胞组成，包围在小肠外面。肌层由内环行和外纵行两层平滑肌组成，两层间有肌间神经丛支配着平滑肌的活动。环行肌收缩使小肠伸长、肠腔变窄；纵行肌收缩使小肠缩短。黏膜下层由疏松结缔组织组成，内有大量血管、淋巴管和神经。黏膜下层还有大量十二指肠腺，能分泌碱性黏液和碳酸氢盐，起到中和胃酸中氢离子、保护十二指肠黏膜不受胃酸侵蚀的作用。黏膜层由上皮、固有膜和黏膜肌层组成。它是消化吸收的重要场所。固有膜内有许多单管状腺，开口于肠腔内，分泌的黏液含有多种酶并分泌胃肠激素。由黏膜和黏膜下层共同形成的环行皱襞，皱襞表面由上皮和固有膜突出形成的绒毛以及单层柱状上皮细胞表面分化出的许多微绒毛使小肠的表面积扩大了近 600 倍，达到 $200m^2 \sim 400m^2$。

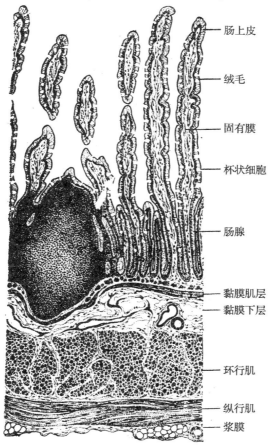

肠上皮

绒毛

固有膜

杯状细胞

肠腺

黏膜肌层
黏膜下层

环行肌

纵行肌
浆膜

图 9 - 2 小肠（空肠）纵切示意图

（2）大肠

人类的大肠没有重要的消化功能。大肠的主要功能在于吸收水分和无机盐，同时为消化吸收后的食物残渣提供暂时贮存场所，并将食物残渣转变为粪便。大肠长约 1.5m，在空、回肠的周围形成一个方框。根据大肠的位置的特点，分为盲肠、结肠和直肠三部分。

① **大肠的分部**：**盲肠**（intestinum caecum）为大肠起始的膨大盲端，长约 6cm～8cm，位于右髂窝内，向上通升结肠，向左连接回肠。回、盲肠的连通口称为回盲口。回盲口处的黏膜折成上、下两个半月形的皱襞，称为回盲瓣，此瓣具有括约肌的作用，可防止大肠内容物逆流入小肠。在回盲瓣的下方约 2cm 处，有阑尾（appendix vermicularis）的开口。阑尾形如蚯蚓，又称蚓突。上端连通盲肠的后内壁，下端游离，一般长约 7cm～9cm。

结肠（colon）围绕在小肠周围，呈现几字形。按其所在位置和形态，又分为升结肠、横结肠、降结肠和乙状结肠 4 个部分。

直肠（intestinum rectum）是大肠的末段，长约 12cm～15cm，位于盆腔内。上端平第 3 骶椎处接续乙状结肠，沿骶骨和尾骨的前面下行，穿过盆膈，下端以肛门而终。

② **大肠的组织结构**：大肠的肠壁结构大体与小肠相同，由浆膜、肌层、黏膜下层和黏膜层组成（见图 9-3）。大肠的肌层同样由内环、外纵两层平滑肌构成。黏膜上皮为单层柱状上皮，其中杯状细胞含量丰富，可分泌黏液，润滑黏膜，无绒毛。固有膜内有大量肠腺，为单管状腺，较小肠腺长 1～2 倍。腺上皮内有柱状细胞及大量杯状细胞，以及少

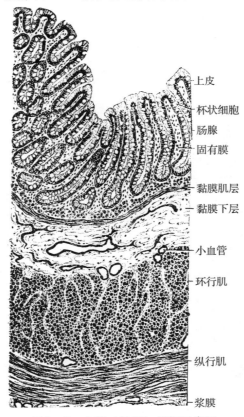

上皮

杯状细胞

肠腺

固有膜

黏膜肌层

黏膜下层

小血管

环行肌

纵行肌

浆膜

图 9-3　大肠（结肠）纵切示意图

量未分化细胞和内分泌细胞。未分化细胞位于大肠腺的基底部，不断发生分化、增生，以补充肠上皮细胞。固有膜内还有许多孤立淋巴小结。肌层有内环形、外纵行两层。环形肌较厚，纵形肌集中形成三条结肠带，各带之间的纵形肌很薄。浆膜内含有大量脂肪细胞，形成肠脂垂。

2. 肠运动

（1）小肠运动

小肠的运动形式主要包括紧张性收缩、分节运动、蠕动三种。

小肠平滑肌的紧张性收缩是其他运动形式有效进行的基础，并使小肠保持一定的形状和位置。当紧张性收缩降低时，肠腔易于扩张，内容物的混合和转运减慢；而当紧张性收缩升高时，内容物在肠道内的混合和转运就会趋于加快。

分节运动是一种以环形肌为主的节律性收缩和舒张交替进行的运动（见图 9 - 4），使食糜与消化液充分混合、分节，有利于消化吸收，并使食糜缓慢向结肠推进。分节运动的频率由小肠上段到下段逐渐降低，并且仅在进食后才逐渐变强，空腹时几乎不存在。

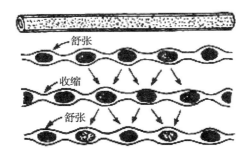

图 9 - 4 小肠的分节运动模式图

蠕动是一种局部反射引起的推进性运动，是纵行肌和环行肌协调的连续性收缩。小肠的蠕动波很弱，通常只进行一段短距离（数厘米）后即消失，推进速度约为 0.5cm/s ~ 5.0cm/s。通常小肠上段蠕动较快，下段则很慢。小肠蠕动的作用是将食糜想小肠远端推进一段后，在新的肠段进行分节运动。

此外，有一种进行速度很快（2cm/s ~ 25cm/s）、传播较远的蠕动，称为**蠕动冲**。可把食糜团从小肠起始端一直推到末端，甚至达到大肠。可能是由于进食时的吞咽动作或者食糜进入十二指肠而产生。

小肠在非消化期还存在周期性移行性复合运动（MMC），即间歇性强力收缩伴有较长时间的静息期为特点的周期性运动。MMC 每一周期约为 90min ~ 120min。消化间期的MMC 可起"清道夫"的作用，可将肠道内上次进食后的食物残渣、脱落的细胞碎片和细菌、空腹时吞下的唾液等清扫干净。若消化间期的这种移行性复合运动减弱，可引起功能性消化不良及肠道内细菌过度繁殖等病症。

（2）大肠运动

大肠的运动少而慢，对刺激的反应也较迟缓。主要包括袋状往返运动、分节推进运动、蠕动和集团蠕动。

袋状往返运动是一种非推进性运动，多见于空腹和安静时。通过使肠内容物在结肠内的来回运动，有助于营养物质的充分吸收。

分节推进运动和**蠕动**使肠内容物向前移位。分节推进运动可将肠内容物缓慢推向肛门。睡眠时结肠分节运动减少，进食可刺激分节运动。乙酰胆碱类药物可加强结肠分节推进运动。阿托品等抗胆碱药抑制分节推进运动。

集团蠕动是一种进行快、收缩强、推进猛、前进远的蠕动，多发生于横结肠。可将一部分大肠内容物推入降结肠和乙状结肠。常见于进食后，最早发生于进餐后 1h 之内，可能是食物进入十二指肠，由十二指肠－结肠反射引起。

二、便秘与便秘模型

1. 排便

食物残渣在结肠内停留时间较长，一般在十余小时以上。在这一过程中，食物残渣中的一部分水分被结肠黏膜吸收，剩余部分经结肠内细菌的发酵和腐败作用后形成粪便。

排便过程是人体中一系列复杂而协调的生理反射活动，需要有完整的肛门直肠神经结构、肛门括约肌群、排便反射的反射弧和中枢的协调控制能力。正常人体的直肠通常没有粪便。当肠的蠕动将粪便推入直肠时，刺激了直肠壁内的感受器，神经冲动经盆神经和腹下神经传至脊髓腰骶段的初级排便中枢，同时上传至大脑皮层，引起便意和排便反射。这时，通过盆神经的传出冲动，使降结肠、乙状结肠和直肠收缩，肛门内括约肌舒张。同时，阴部神经的冲动减少，肛门外括约肌舒张，使得粪便排出体外。同时，由于支配腹肌和膈肌的神经兴奋，腹肌和膈肌同时发生收缩，使腹内压升高，从而促进粪便的排出。正常人体的直肠对粪便的压力刺激具有一定的阈值，当达到此阈值时即可引发便意。

结肠平滑肌的结构、肠黏膜的吸收功能及结肠容积的大小都与便秘有密切关系。实验证明，大约 100mL 粪便充盈直肠时可引起便意。

2. 便秘

便秘（constipation）是排便次数明显减少，每 2d～3d 天或更长时间 1 次，无规律，粪质干硬，常伴有排便困难感的病理现象。它不是一个独立的疾病或综合症，而是由多种病因所致，排便过程的任何环节发生障碍，都可以引发便秘。便秘在程度上有轻有重，在时间上可以是暂时的，也可以是长久的。有些正常人数天才排便一次，但无不适感，这种情况不属便秘。对于未发现明显器质性病变而以功能性改变为特征的排便障碍称功能性便秘。

排便动作受大脑皮层的影响是显而易见的，意识可以加强或抑制排便。如果刻意对便意经常予以制止，就使直肠渐渐地对粪便压力刺激失去正常的敏感性，加之粪便在大肠内停留过久，水分吸收过多而变得干硬，引起排便困难，这是产生便秘的最常见的原因。

在排便过程中，盆底横纹肌主要是耻骨直肠肌和肛门外括约肌不能松弛，甚至出现异常的矛盾收缩，导致直肠肛管角变锐，肛管压力上升，粪便排出困难。会阴下降综合症可能是由于长期过度用力排便，使得盆底肌薄弱，肛管直肠角缩小，长期的牵拉严重影响神经传导功能。近来有研究表明，此型便秘亦可由肛门内括约肌失弛缓所致，肛门内括约肌不能松弛，造成肛管舒张不良，粪便滞留直肠，引起排便困难。

经常服用某些药物，如止痛剂、麻醉剂、肌肉松弛剂、抗胆碱能药物、阿片制剂、神经节阻滞剂、降压药、利尿药等也容易引起便秘。对于非肠道狭窄等器质性病变的便秘和非结肠痉挛性收缩引起的便秘，可采取增加摄入膳食纤维、食用具有润肠通便作用的保健食品、培养按时排便的习惯、避免滥用泻药的方法。对肠梗阻或神经性便秘的人则不能采用补充膳食纤维的方法，应该先清肠，减少肠内容物，并且养成定时排便的习惯。

保健食品的通便功能可以通过动物实验和人体试食实验来评价。动物实验通过小肠运动试验，观察排便时间、排便粒数、排便重量，粪便性状，从而验证受试物对肠道运动功能和排便全过程的影响。道肠运动增强、排便时间缩短、排便粒数和排便重量增加，则预示受试物有一定的增强肠道运动的作用，或能改善肠内容物和粪便的性状。

3. 小鼠小肠蠕动抑制模型

通便功能旨在改善人体的排便状况，缓解便秘症状，因此该功能评价需建立在相应的动物模型上。即以药物作用于动物，特异性抑制其肠道蠕动，造成小肠蠕动抑制模型，以模拟便秘情形。

【操作步骤】给受试样品 7d～15d 后，各组小鼠禁食不禁水 20h。模型对照组和三个剂量组按照每只鼠灌胃给予复方地芬诺酯或洛哌丁胺 5mg/kg bw～6mg/kg bw（排便试验剂量增加一倍）。阴性对照组给蒸馏水。0.5h 后即可开始实验。

【注意事项】

① 依据复方地芬诺酯或洛哌丁胺的实用剂量取用，具体使用剂量应该进行预实验进行测试。

② 复方地芬诺酯或洛哌丁胺药品，要用研钵研碎呈粉末后按预实验所需浓度配制，注意要待溶质完全溶解、充分摇匀后使用。

三、通便功能评价指标及结果分析

1. 通便功能评价动物实验方案

本实验选用近交系雄性小鼠。18g～22g，每组 10 只～15 只。根据体重，随机将小鼠分为一个阴性对照组、一个模型对照组和三个不同剂量的受试样品组。其中以人体推荐量的 10 倍为其中一个剂量组，另设二个剂量组，必要时设阳性对照组。阴性对照组和模型对照组同样途径给溶剂。受试样品组每日灌胃不同剂量的受试样品，连续给予时间 7d，必要时可延长至 15d。

定期称量小鼠体重。7d～15d 后，各组小鼠禁食不禁水 20h。模型对照组和各剂量组灌胃复方地芬诺酯或洛哌丁胺混悬液，阴性对照组灌胃蒸馏水。各组分别测定小肠运动；5h 或 6h 内排便时间、排便质量、粪便粒数。

2. 评价指标的判定

小肠运动实验：在模型成立的前提下，受试样品剂量组小鼠的墨汁推进率显著高于模型对照组的墨汁推进率时，可判定该项实验为阳性。

排便时间、粪便粒数和粪便质量：在模型成立的前提下，受试样品组小鼠的首粒排黑便时间明显短于模型对照组，可判定该项指标为阳性。

5h 或 6h 内排便粒数明显高于模型对照组，可判定该项指标为阳性。

5h 或 6h 内排便质量明显高于模型对照组，可判定该项指标为阳性。

功能判定：5h 或 6h 内排黑便质量和排便粒数任一项结果阳性，同时小肠推进实验和排便时间任一项结果阳性，可判定受试物具有通便作用。

四、评价指标测定原理和实验方法

1. 小肠运动实验

【测定原理】按实验设计中的设置条件饲喂各组小鼠，7d～15d 后经口灌胃给予造模药物复方地芬诺酯或洛哌丁胺，建立小鼠小肠蠕动抑制模型。各组小鼠灌胃墨汁，以墨汁向前推进的距离计算一定时间内小肠的墨汁推进率，并通过与模型组对比，来判断受试物小鼠胃肠蠕动功能。

【仪器与试剂】器材包括手术剪、眼科镊、直尺、注射器。试剂包括：

① 复方地芬诺酯混悬液：取复方地芬诺酯片（每片含复方地芬诺酯 2.5mg）25mg，用研钵研碎呈粉末后加水至 100mL，浓度为 0.025%。临用前配制。

② 洛哌丁胺混悬液：取洛哌丁胺胶囊（每粒含洛哌丁胺 2mg）25mg，加水至 100mL，浓度为 0.025%。临用前配制。

③ 墨汁：精确称取阿拉伯树胶 100g，加水 800mL，煮沸至溶液透明，称取活性碳粉 100g 加至上述溶液中煮沸 3 次，待溶液凉后定容到 1000mL，于冰箱中 4℃ 保存，用前摇匀。

【实验步骤】

① 给受试样品 7d～15d 后，各组小鼠禁食不禁水 20h。

② 模型对照组和三个剂量组灌胃给予复方地芬诺酯或洛哌丁胺（5mg/kg），阴性对照组给蒸馏水。

③ 给复方地芬诺酯或洛哌丁胺后 0.5h 后，低、中、高剂量组分别灌胃含相应剂量受试样品的墨汁，阴性对照组灌胃墨汁。

④ 灌胃墨汁 25min 后立即脱颈椎处死动物。打开腹腔分离肠系膜，剪取上端自幽门、

下端至回盲部的肠管，置于托盘上。轻轻将小肠拉成直线，测量肠管长度为"小肠总长度"，从幽门至墨汁前沿为"墨汁推进长度"。

【结果计算】按下式计算墨汁推进率（以%计）：

$$墨汁推进率 = \frac{墨汁推进长度（cm）}{小肠总长度（cm）} \times 100\%$$

数据按下式转换

$$X = \sin^{-1}\sqrt{P}$$

式中，P 为墨汁推进率，以小数表示。

【注意事项】

① 在灌胃复方地芬诺酯或洛哌丁胺悬浊液时，注意灌胃期间经常混匀液体，以避免出现沉降。

② 在墨汁配制的过程中，先加入阿拉伯胶，加热使之全部溶解至透明后，再加入碳粉。以免发生结块。

2. 排便时间、粪便粒数和粪便质量实验

【测定原理】按实验设计中的设置条件饲喂各组小鼠，7d～15d 后经口灌胃给予造模药物复方地芬诺酯或洛哌丁胺，建立小鼠小肠蠕动抑制模型。灌胃墨汁后，测定小鼠的首粒排黑便的排便时间、5h 或 6h 内排便粒数和排便质量，并与模型组小鼠比对来反映各剂量组小鼠的排便情况。

【仪器与试剂】仪器为分析天平。试剂包括：

① 复方地芬诺酯混悬液：取复方地芬诺酯片（每片含复方地芬诺酯 2.5mg）50mg，用研钵研碎呈粉末后加水至 100mL，浓度为 0.05%。临用前配制。

② 洛哌丁胺混悬液：取洛哌丁胺胶囊（每粒含洛哌丁胺 2mg）50mg，加水至 100mL，浓度为 0.025%。临用前配制。

③ 墨汁：同小肠运动实验。

【实验步骤】

① 给受试样品 7d～15d 后，各组小鼠禁食不禁水 20h。

② 模型对照组和各受试物剂量组灌胃给予复方地芬诺酯或洛哌丁胺（10mg/kg），阴性对照组给蒸馏水。

③ 给复方地芬诺酯或洛哌丁胺后 0.5h 后，低、中、高剂量组分别灌胃含相应剂量受试样品的墨汁，阴性对照组灌胃墨汁。动物单笼放置，正常饮水进食。

④ 从灌墨汁开始，记录每只动物首粒排黑便时间、5h 或 6h 内排黑便粒数及质量。

第十章　有助于改善缺铁性贫血功能

一、血液及红细胞功能

1. 血液

血液是心血管系统内循环流动的流体组织，起着运输物质的作用。血液将从肺获得的 O_2 和从胃肠道吸收的营养物质运送到全身组织器官，另一方面又将细胞代谢产生的 CO_2 运送到肺，将其他代谢产物运送到肾脏等排泄器官而排出体外。

血液由血浆和悬浮于其中的血细胞组成。血浆是血液的液体成分，包括水和溶解其中的多种电解质、小分子有机化合物（血浆蛋白）和一些气体。血细胞是血液中的有形成分，可分为红细胞（erythrocyte 或 red blood cell，RBC）、白细胞（leukocyte 或 white blood cell，WBC）和血小板（platelet 或 thrombocyte）三类，其中红细胞的数量最多，约占血细胞总数的 99%，白细胞最少，仅占血细胞总数的 0.1% 左右。

2. 红细胞数量和形态

红细胞是血液中数量最多的一种血细胞。我国成年男性红细胞的数量为 $(4.0 \sim 5.5) \times 10^{12}/L$，女性为 $(3.5 \sim 5.0) \times 10^{12}/L$。血红蛋白（hemoglobin，Hb）是红细胞内含量最为丰富的蛋白成分，也是红细胞实现其运输氧功能的物质基础。我国成年男性血红蛋白浓度为 $120g/L \sim 160g/L$，成年女性为 $110g/L \sim 150g/L$。

正常的成熟红细胞无核，呈双凹圆蝶形，直径 $7\mu m \sim 8\mu m$，边缘较厚，而中间较薄。由于这种特别的形状具有较大的气体交换面积，由细胞中心到大部分表面的距离都很短，因此有利于细胞内外 O_2 和 CO_2 能够快速地进行交换。

3. 红细胞的功能

红细胞的主要功能是运输 O_2 和 CO_2。血液中 98.5% 的 O_2 是与血红蛋白结合成氧合血红蛋白的形式存在和运输的。血液中的 CO_2 主要以碳酸氢盐和氨基甲酰血红蛋白的形式存在和运输，分别占 CO_2 运输总量的 88% 和 7%。红细胞运输 O_2 的功能是靠细胞内血红蛋白实现的，一旦血红蛋白逸出到血浆中便丧失其运输 O_2 的功能。

血红蛋白由四分子的珠蛋白和四分子亚铁血红素组成，每个血红素又由 4 个吡咯环组成，在环中央有一个铁原子。血红蛋白中的铁在二价状态时，可与氧呈可逆性结合（氧合血红蛋白），如果铁氧化为三价状态，血红蛋白则转变为高铁血红蛋白，就失去了载氧能力。珠蛋白约占 96%，血红素占 4%。血红蛋白占红细胞干重的 97%、总重的 35%。

平均每克血红蛋白可结合 1.34mL 的氧气，是血浆溶氧量的 70 倍。血红蛋白的特性是：在氧含量高的地方，容易与氧结合；在氧含量低的地方，又容易与氧分离，血红蛋白的这一特性，使红细胞具有运输氧的功能。

4. 铁代谢

铁是合成血红蛋白的必需原料。铁总量在正常成年男性约 50mg/kg ～ 55mg/kg，女性 35mg/kg ～ 40mg/kg。人体内铁有两种形式，一种为功能状态铁，另一种为贮存铁。功能状态铁包括血红蛋白铁（占体内铁 67%）、肌红蛋白铁（占体内铁 15%）、转铁蛋白铁（3mg ～ 4mg）以及乳铁蛋白、酶和辅因子结合的铁。贮存铁（男性 1000mg，女性 300mg ～ 400mg），包括铁蛋白和含铁血黄素。

正常人每天造血约需 20mg ～ 25mg 铁，主要来自衰老破坏的红细胞。正常人维持体内铁平衡每天需从食物摄取铁 1mg ～ 1.5mg，孕、乳妇 2mg ～ 4mg。动物食品铁吸收率高（可达 20%），植物食品铁吸收率低（1% ～ 7%）。铁吸收部位主要在十二指肠及空肠上段。食物铁状态（三价、二价铁）、胃肠功能（酸碱度等）、体内铁贮量、骨髓造血状态及某些药物（如维生素 C）均会影响铁吸收。吸收入血的二价铁经铜蓝蛋白氧化成三价铁，与转铁蛋白结合后转运到组织或通过幼红细胞膜转铁蛋白受体胞饮入细胞内，再与转铁蛋白分离并还原成二价铁，参与形成血红蛋白。多余的铁以铁蛋白和含铁血黄素形式贮存于肝、脾、骨髓等器官的单核巨噬细胞系统。人体每天排铁不超过 1mg，主要通过肠黏膜脱落细胞随粪便排出，少量通过尿、汗液，哺乳妇女还通过乳汁（见图 10 - 1）。

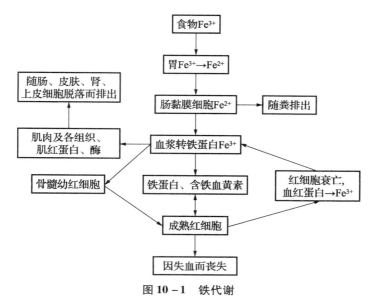

图 10 - 1 铁代谢

当铁的摄入不足或重吸收障碍，或以长期慢性失血导致机体缺铁时，可使血红蛋白的合成减少，引起小细胞低色素性贫血及相关的缺铁异常，即缺铁性贫血（iron deficient anemia, IDA）。

二、缺铁性贫血和缺铁性贫血动物模型制备

1. 缺铁性贫血

（1）贫血

贫血（anemia）是指人体外周血红细胞容量减少，低于正常范围下限的一种常见的临床症状。由于红细胞容量测定较为复杂，临床上常以血红蛋白（Hb）浓度来代替。人体血红蛋白的正常值可因年龄、性别、生活地区、海拔高度的不同而有差异。一般情况下，血红蛋白量的降低常伴有红细胞总数和红细胞压积的低下。

我国血液病学专家认为，在我国海平面地区，成年男性 Hb < 120g/L，成年女性（非妊娠）Hb < 110g/L，孕妇 Hb < 100g/L 为贫血。1972 年世界卫生组织（WHO）制定的诊断标准认为，在海平面地区，Hb 低于下述水平诊断为贫血：6 个月到小于 6 岁儿童 110g/L，6 岁～14 岁儿童 120g/L，成年男性 130g/L，成年女性 120g/L，孕妇 110g/L。应注意，久居高原地区居民的血红蛋白正常值较海平面居民为高；在妊娠、低蛋白血症、充血性心力衰竭、脾肿大及巨球蛋白血症时，血浆容量增加，此时即使红细胞容量是正常的，但因血液被稀释，血红蛋白浓度降低，容易被误诊为贫血；在脱水或失血等循环血容量减少时，由于血液浓缩，即使红细胞容量偏低，但因血红蛋白浓度增高，贫血容易漏诊。

贫血导致血液携氧能力下降，血容量下降，全身组织器官均可出现缺氧性损伤和症状。神经系统表现为如头昏、耳鸣、头痛、失眠、多梦、记忆力减退、注意力不集中等常见症状。皮肤黏膜苍白是贫血的主要表现之一。消化系统表现为消化功能减低、消化不良等症状。

（2）贫血分类

从贫血发病机制和病因，临床上把贫血分为以下几类：

① 红细胞生成减少性贫血：造血细胞、骨髓造血微环境和造血原料的异常影响红细胞生成，可形成红细胞生成减少性贫血。由于缺铁和铁利用障碍影响血红素合成，造成缺铁性贫血，是临床上最常见的贫血，也属于这一大类。

② 溶血性贫血：红细胞破坏过多性贫血。

③ 失血性贫血：根据失血速度分急性和慢性失血性贫血，慢性失血性贫血往往合并缺铁性贫血，可分为出凝血性疾病（如特发性血小板减少性紫癜、血友病和严重肝病等）所致和非出凝血性疾病（如外伤、肿瘤、结核、支气管扩张、消化性溃疡、痔和妇科疾病等）所致两类。

（3）缺铁性贫血

当机体对铁的需求与供给失衡，导致体内贮存铁耗尽，继之红细胞内铁缺乏，最终引起缺铁性贫血（IDA）。IDA 是最常见的贫血。其发病率在发展中国家、经济不发达地区及婴幼儿、育龄妇女明显增高。铁缺乏主要和下列因素相关：婴幼儿辅食添加不足、青少年偏食、妇女月经量过多/多次妊娠/哺乳及某些病理因素（如胃大部切除、慢性失血、

慢性腹泻、萎缩性胃炎和钩虫感染等）等。

红细胞内缺铁时血红素合成障碍，大量原卟啉不能与铁结合成为血红素，以游离原卟啉（FEP）的形式积累在红细胞内或与锌原子结合成为锌原卟啉（ZPP），血红蛋白生成减少，红细胞胞浆少、体积小，发生小细胞低色素性贫血；严重时粒细胞、血小板的生成也受影响。因此，红细胞内游离原卟啉为诊断缺铁性贫血的一项较敏感的指标。

缺铁性贫血的诊断标准包括三方面：

① 贫血为小细胞低色素性：男性 Hb < 120g/L，女性 Hb < 110g/L，孕妇 Hb < 100g/L。平均红细胞比容（MCV）< 80fl，平均红细胞血红蛋白浓度（MCHC）< 27pg，平均红细胞血红蛋白含量（MCH）< 32% 。

② 有缺铁的依据：血清铁蛋白 < 12μg/L 或者骨髓铁染色显示骨髓小粒可染铁消失，铁粒幼红细胞少于 15% 。再严重则血清铁低于 8.95μmol/L，导致缺铁性红细胞生成。

③ 存在铁缺乏的病因，铁剂治疗有效。

（4）缺铁性贫血的实验室检查

① 血象：呈小细胞低色素性贫血：平均红细胞比容（MCV）低于 80fl，平均红细胞血红蛋白浓度（MCHC）小于 27pg，平均红细胞血红蛋白浓度（MCH）小于 32% ；红细胞体积小，中心淡染区扩大。

② 骨髓象：红细胞系统增生活跃，以中、晚幼红细胞为主，而且幼红细胞胞浆少、体积小、边缘不整齐；铁染色显示，骨髓小粒可染铁消失，铁粒幼红细胞低于 15% 。

③ 铁代谢：血清铁低于 8.95μmol/L，总铁结合力升高，可大于 64.44μmol/L；转铁蛋白饱和度下降，低于 15% 。血清铁蛋白低于 12μg/L。

④ 红细胞内卟啉代谢：红细胞内卟啉代谢 FEP > 0.9μmol/L（全血），ZPP > 0.96μmol/L（全血），FEP/Hb > 4.5μg/g Hb。

2. 缺铁性贫血动物模型

可通过低铁饲喂加定期放血，使得动物体内血红蛋白合成所需要的铁不足而导致缺铁性贫血动物模型。也可仅通过低铁饲喂动物形成实验性缺铁性贫血动物模型。保健食品功能评价多采用后者，以下仅介绍后者的模型构建方法。

【模型构建】选用健康断乳 Wistar 大鼠或 SD 大鼠，适应 3d ~ 5d 后予以低铁饲料及去离子水（或双蒸水），采用不锈钢笼及食罐，实验过程中避免污染。

饮用水的处理：饮水要求使用去离子水或双蒸水，以避免引入铁离子，此外，水瓶的吸水嘴应用不锈钢或玻璃材质制成。

笼具的使用：选用不锈钢笼具和食盒以避免铁元素污染，所用器皿应用 10% 硝酸溶液处理。

低铁饲料的配制和使用：低铁饲料由大鼠自由取食，注意饲料不能受到含铁物质的污染。饲料中用到的化学试剂均要使用分析纯试剂。

常用的低铁饲料配方有 4 种，可根据实际情况任选一种。

（1）配方一（见表 10 - 1）

表 10 - 1　低铁饲料配方一

成　分	质量分数/%	成　分	质量分数/%
葡萄糖（结晶水）	49.38	氯化钾	0.50
EDTA 处理酪蛋白	20.00	混合微量元素	0.27
脱脐黄玉米粉	15.00	氯化胆碱	0.15
明胶	5.00	混合维生素	0.10
玉米油	5.00	DL - 蛋氨酸	0.10
磷酸二氢钠	2.00	碳酸钙	2.00

① 混合微量元素（每 100mL）：$MgSO_4 \cdot H_2O$ 73.816g、$ZnSO_4 \cdot 7H_2O$ 19.657g、$MnSO_4 \cdot H_2O$ 5.733g、$CuSO_4 \cdot 5H_2O$ 0.7315g、KIO_3 0.0625g。

② 混合维生素（每100mL）：维生素 A（50 万 IU/g）1.00g、维生素 D_3（20 万 IU/g）0.75g、a - 醋酸生育酚（含 25% VE 的明胶）12.50g、维生素 K 0.04g、盐酸硫胺素 0.30g、核黄素 0.30g、维生素 B_6 0.30g、泛酪钙 0.60g、尼克酸 3.00g、叶酸 0.10g、维生素 B_{12}（含 0.1% B_{12} 的明胶）2.00g、蔗糖 79.11g。

（2）配方二（见表 10 - 2）

表 10 - 2　低铁饲料配方二

成　分	质量分数/%	成　分	质量分数/%
EDTA 处理酪蛋白	15	AIN - 76M 混合维生素（见表 10 - 4）	1.0
大米粉（粳稻）	70	氯化胆碱	0.2
玉米油	5.0	明胶	5.0
AIN - 76M 混合矿物盐（见表 10 - 3）	3.5	DL - 蛋氨酸	0.3

表 10 - 3　AIN - 76M 混合矿物盐

矿 物 质	添加量/mg	矿 物 质	添加量/mg
Ca	516	Mn	5.6
P	399	Cu	0.57
Na	102	I	0.02
K	316	Cr	0.15
Cl	182	Zn	4.0
Mg	51		

表 10 – 4　AIN – 76M 混合维生素

维　生　素	添加量	维　生　素	添加量
醋酸视黄醇	400IU	氰钴胺素	0.001μg
胆钙化醇	100IU	维生素 K	0.005mg
DL – α – 醋酸生育酚	5.0mg	D – 生物素	0.02mg
盐酸硫胺素	0.6mg	叶酸	0.2mg
核黄素	0.6mg	泛酸钙	1.6mg
盐酸吡哆醇	0.7mg	尼克酸	3.0mg

（3）配方三（见表 10 – 5）

表 10 – 5　低铁饲料配方三

成　　分	质量分数/%	成　　分	质量分数/%
EDTA 处理酪蛋白[①②]	15	AIN – 76M 混合维生素[④]	1.2
大米粉（梗稻）	70	明胶	5.0
玉米油	5.0	DL – 蛋氨酸	0.3
AIN – 76M 混合盐[③]	3.5		

① 可用鸡蛋白粉代替 EDTA 处理酪蛋白，同时不用添加 DL – 蛋氨酸，因为市售蛋清粉中的铁含量（Fe7.7mg/kg ~ 8.4mg/kg）比多次用 EDTA 处理酪蛋白含铁（16.5mg/kg，未处理酪蛋白含铁 131.1mg/kg）还低。用上述配方，每公斤饲料含铁量约 8mg ~ 15mg。

② EDTA 处理酪蛋白的制备：用去离子水配制 1% 的 EDTA – Na_2 水溶液；将酪蛋白过 20 目筛，用 1% EDTA – Na_2 溶液浸泡过夜；捞出酪蛋白放入布袋中，置洗衣机中脱水；反复用去离子水冲洗，直至完全洗净酪蛋白中的 EDTA – $Na_{2;}$ 脱水后，放入烤箱，80℃烘干，研磨成粉，过 20 目筛后备用。

③ AIN – 76M 混合盐配方（单位为 g/kg）：磷酸氢钙 500.00；氯化钠 74.00；一水合柠檬酸钾 220.00；硫酸钾 52.00；氧化镁 24.00；碳酸锰（43% ~ 48% Mn）3.50；碳酸锌（70% ZnO）1.60；碳酸铜（53% ~ 55%）0.30；碘酸钾 0.01；亚硒酸钠 0.01；硫酸铬钾 0.55；添加葡萄糖 118.00，研磨成粉混合均匀后过 20 目筛。

④ AIN – 76M 混合维生素配方（单位为 g/kg）：维生素 A（250.000IU/g）1.6；维生素 D_3（400.000IU/g）0.25；维生素 E（250IU/g）20.0；维生素 B_1 0.6；维生素 B_2 0.6；维生素 B_6 0.7；维生素 B_{12} 0.001；维生素 K_3 0.005；D – 生物素 0.02；叶酸 0.2；D – 泛酸钙 1.6；尼克酸 3.0；添加葡萄糖 972.9g，研磨成粉混合均匀后过 20 目筛，然后添加酒石酸胆碱 200.0，充分混合，过筛。

（4）配方四（见表 10 – 6）

表 10 - 6 低铁饲料配方四

成　分	质量分数/%	成　分	质量分数/%
葡萄糖（结晶水）	49.38	氯化钾	0.50
EDTA 处理酪蛋白	20.00	氯化钠	0.50
脱脐黄玉米粉	15.00	混合微量元素①	0.27
明胶	5.00	氯化胆碱	0.15
玉米油	5.00	混合维生素②	0.10
磷酸二氢钠	2.00	DL - 蛋氨酸	0.10
碳酸钙	2.00		

① 混合微量元素（单位为 g/kg）：$MgSO_4 \cdot H_2O$ 738.16、$ZnSO4 \cdot 7H_2O$ 196.57、$MnSO_4 \cdot H_2O$ 57.33、$CuSO_4 \cdot 5H_2O$ 7.315、KIO_3 0.625。

② 混合维生素（单位为 g/kg）：维生素 A（50 万 IU/g）10.0；维生素 D_3（20 万 IU/g）7.5；α-醋酸生育酚（含维生素 E 的明胶）125g；维生素 K 0.4；盐酸硫胺素 3.0；核黄素 3.0；维生素 B_6 3.0；泛酸钙 6.0g；尼克酸 3.00g；叶酸 1.0；维生素 B_{12} 0.02；葡萄糖 791.1g。

【模型评价】

自低铁饲料饲养第 3 周开始每周选取部分大鼠采血测量 Hb，直至多数动物 Hb < 100g/L 时，测定全部动物 Hb 含量。

评价指标和标准：以 Hb < 100g/L 作为缺铁性贫血模型成功动物。

【注意事项】水瓶、笼具和食盒一定要特殊处理，避免铁的污染。

三、有助于改善缺铁性贫血功能评价指标及结果分析

1. 有助于改善缺铁性贫血功能评价动物实验方案

有助于改善缺铁性贫血保健食品的功能评价一般选用 Wistar 或 SD 健康初断乳大鼠，单一性别，建立缺铁性贫血动物模型。按照体重和血红蛋白水平（Hb < 100g/L）分为模型对照组和三个受试样品组，每组 8 只 ~ 12 只，各组均继续饲予低铁饲料。

受试样品组灌胃给予受试保健食品 30d。期间定期称量体重，监测大鼠一般状态。30d ~ 45d 后采集血液，以血红蛋白和红细胞内游离原卟啉（free erythrocyte proloporphyrin，FEP）指标作为检测指标。

2. 评价指标的判定

（1）血红蛋白

受试样品组与模型对照组比较，血红蛋白浓度显著升高，且受试样品组前后升高幅度平均达到 10g/L 以上，判定该受试样品有升高血红蛋白作用实验结果阳性。

（2）红细胞内游离原卟啉

受试样品组与模型对照组比较，红细胞内游离原卟啉显著降低，即可判定该受试样品有降低红细胞内游离原卟啉的作用实验结果阳性。

（3）功能判定

受试样品组与模型对照组比较，血红蛋白和红细胞内游离原卟啉实验结果阳性，可判定该受试样品有助于改善营养性贫血。

四、评价指标测定原理和实验方法

1. 血红蛋白测定（氰化高铁法）

（1）消光系数法

【测定原理】血红蛋白被铁氰化钾氧化后生成高铁血红蛋白，再与氰离子结合形成氰化高铁血红蛋白（红色），氰化高铁血红蛋白（红色）极为稳定，在540nm波长下，毫克分子消光系数为44，据此，用分光光度法测其光密度，运用消光系数作血红蛋白的定量测定。

【仪器与试剂】仪器为分光光度计、移液器。

都氏试剂：称取碳酸氢钠（$NaHCO_3$，AR）140mg、铁氰化钾200mg、氰化钾50mg，用水溶解并稀释到1000mL。贮存于棕色试剂瓶内，在暗处或冰箱（+4℃）保存，至少可稳定数月到1年。

【实验步骤】

① 取都氏试剂2.5mL于5mL带盖试管中，大鼠尾静脉采血或眼眶取血，取10μL血液加入带盖试管中，混匀后，放置15min。

② 选用0.5cm光径比色杯，于540nm波长下，以都氏试剂调零点，将所测样品管的吸光度乘以736，即为血红蛋白浓度（单位为g/L）。

【结果计算】每个血样测得的吸光度值，按下式计算血红蛋白浓度：

$$C_t = \frac{A_{HiCN}^{540} \times 251}{44 \times 0.5} \times \frac{64458}{10000} = D_{HiCN}^{540} \times 736$$

式中：C_t——待测的血红蛋白浓度，g/L。

A_{HiCN}^{540}——氰化高铁血红蛋白在540nm波长下测出的吸光度；

251——测定时血液的稀释倍数（10μL血加入2.5mL都氏试剂中）；

44——氰化高铁血红蛋白的毫克分子消光系数；

0.5——比色杯的光径；

64458——血红蛋白的分子量；

10000——将（mL/L）换算成（g/100mL）的数字。

【注意事项】

① 试剂不要放在聚乙烯瓶内，以免因氰离子与其反应而使试剂作用降低。

② 仪器在使用前应以WHO规定的氰化高铁血红蛋白参考液校正后再使用。参考液应选用ICSH（国际血液学标准化委员会）确定的由RIV（荷兰国立公共卫生研究院）制作

的氰化高铁血红蛋白参考液或上海医学化验所制备的氰化高铁血红蛋白标准液。

③ 氰化钾是剧毒药品，为国家重点管控药品，购买需向公安机关开具毒品证等相关文件，手续复杂，需提前准备。都氏试剂中含有剧毒物质氰化钾，不能直接排放，需要经处理后排放。处理方法如下：取 $FeSO_4 \cdot 7H_2O$ 二份加 NaOH 一份，在研钵中研细，形成 $100g/L$ 的悬液，每 1000mL 上述废液中加入悬液 5mL，放置 3h，不时搅拌，使剧毒的氰化钾反应成为无毒的亚铁氰化钾。

（2）标准曲线法

【测定原理】血红蛋白在铁氰化钾和氰化钾的作用下生成极为稳定的氰化高铁血红蛋白（红色），其颜色深浅与血红蛋白的含量成正比。用分光光度计在 540nm 波长下，测定血红蛋白标准品和参考标准物质的吸光度，制成标准曲线，测得待测样品的吸光度后查标准曲线即可得血红蛋白的浓度。

【仪器与试剂】仪器为移液器、分光光度计。试剂为都氏试剂（同消光系数法）。

【实验步骤】

① 吸取 2.5mL 试剂于 5mL 带盖试管中，大鼠尾静脉采血或眼眶取血，取 10μL 血液置于已放试剂的试管中，混匀放置 15min。

② 标准曲线绘制：将标准 HiCN 液按梯度 50g/L、100g/L、150g/L、200g/L 进行稀释后（以此代表标准的血红蛋白浓度梯度），在波长 540nm、光径 0.5cm 条件下，分别测定各稀释液的吸光度，以标准品血红蛋白含量为横坐标，吸光度为纵坐标，绘制标准曲线。

③ 样品中血红蛋白的测定：选用 0.5cm 光径比色杯，于 540nm 波长下，以试剂调节仪器零点，测定各样品管的吸光度，同时测定血红蛋白标准和参考标准物质的吸光度，绘制血红蛋白的标准曲线。查标准曲线可求得待测样品和参考标准物质的血红蛋白浓度（g/dL 或 g/L），计算参考物质的回收率。

【注意事项】

① 不要将试剂放在聚乙烯瓶内，以免因氰离子与其反应而使试剂作用降低。

② 不宜直接使用消光系数方法计算血红蛋白浓度，因为仪器的波长准确与否以及仪器的灵敏度和线性等因素均直接影响测定结果。

③ 每次测定时，在不同间隔反复测定血红蛋白标准液和参考标准物质。

④ 都氏试剂的后处理与消光系数法相同。

2. 红细胞内游离原卟啉测定

【测定原理】血红蛋白的合成过程中，幼红细胞中的原卟啉在血红素合成酶的作用下与铁结合，当铁供应不足时，红细胞内的原卟啉乃以游离形式累积起来超过正常水平。因此，检测红细胞内游离原卟啉的含量是检查缺铁性红细胞生成的有效方法。血液样品经生理盐水稀释后，分别以乙酸乙酯：乙酸混合液（4：1）和 0.5mol/L 盐酸提取分离血中游离原卟啉，在一定波长下测定其原卟啉的荧光强度（F）而定量。

【仪器与试剂】仪器为荧光分光光度计或 930 型荧光光度计、离心机、混旋器。试剂包括：

① 肝素抗凝剂：一支 12500 单位的肝素以 0.9% 生理盐水稀释至 25mL（1mL＝500 单位）。

② 0.9% NaCl：取 0.9g NaCl 加蒸馏水定容至 100mL。

③ 5%（m/V）硅藻土生理盐水悬浮液：称取 5g 硅藻土加 0.9% NaCl 定容至 100mL。

④ 4∶1 乙酸乙酯－乙酸混合液：乙酸乙酯 80mL 与 20mL 乙酸混匀。

⑤ 0.5mol/L HCl：4.2mL 浓盐酸加蒸馏水定容至 100mL。

⑥ 原卟啉标准贮备液（50μg/mL）：称取 5mg 原卟啉，加 4mL 无水乙醇使之溶解，以 1.5mol/L HCl 定容至 100mL。

⑦ 原卟啉标准中间液（1.0μg/mL）：取 2mL 原卟啉贮备液，以乙酸乙酯－乙酸（4∶1）混合液稀释到 100mL。

⑧ 原卟啉标准应用液（0.1μg/mL）：取 0.1mL 原卟啉中间液，以乙酸乙酯－乙酸（4∶1）混合液稀释到 10mL。

【实验步骤】每个血样按表 10－7 进行操作。

表 10－7　操作

试　剂	样品管	空白管	标准管
肝素/mL	0.10	0.10	0.10
全血/mL	0.02	—	—
水/mL	—	0.02	0.02
5% 硅藻土悬浮液/mL	0.15	0.15	0.15
原卟啉标准应用液/mL	—	—	0.5
用混旋器混合已加入的混合液			
乙酸乙酯－乙酸（4∶1）混合液/mL	4	4	3.5

离心 15min，将各管上清液分别倒入 10mL 比色管中，每管加 4mL 0.5mol/L 盐酸，振摇 5min 静止使之分层，将上层溶剂抽出弃去，测定盐酸液的荧光强度（30min 内比色）。注意，在加入乙酸乙酯－乙酸混合液时，要边混合边加入乙酸乙酯－乙酸混合液。

荧光强度 F 测量：测定条件为激发波长为 403nm，狭缝 10nm；发射波长为 605nm，狭缝为 5nm，液槽为 1cm 厚石英槽。

【结果计算】全血中游离原卟啉含量 X（μg/100mL 全血）按下式计算：

$$X = \frac{F_y - F_0}{F_s - F_0} \times C \times \frac{1000}{V}$$

式中：F_y——样品荧光强度；

　　　F_0——空白管荧光强度；

　　　F_s——标准管荧光强度；

　　　C——标准管原卟啉含量，μg；

　　　V——样品取样量，mL。

【注意事项】

① 荧光强度随时间延长而逐渐衰退，但 30min 内基本稳定，故测定要在 30min 内完成。

② 加乙酸乙酯 – 乙酸混合液时，一定要边混合边加入，否则影响测定结果。

第十一章　有助于增强免疫力功能

一、免疫及免疫功能分类

1. 免疫

免疫（immune）一词来源于拉丁语中的"immunis"，原意是免除赋税，引申为免除疾病。经典的免疫，或称免疫力、免疫性，是指机体抗感染的防御能力。机体的免疫系统通过免疫应答来清除入侵的病原微生物，达到抗御传染病的目的。

2. 免疫功能

免疫功能是指免疫系统通过识别和清除外来抗原过程中所发挥的各种生物学效应的总称，包括免疫防御、免疫自稳和免疫监视。

免疫防御是针对外来抗原（如病原微生物或其毒素）的一种免疫保护作用。但在异常情况下也会对机体产生不利影响，表现为：①免疫反应过高则在清除抗原的同时，也能导致组织损伤或功能异常，如发生过敏反应；②若免疫反应过低或者缺如则可引起免疫缺陷病。

免疫自稳是指机体识别和清除自身衰老残损的组织细胞，从而维持机体的生理平衡和自身稳定的能力。

免疫监视是指机体的免疫系统能识别和清除体内突变或畸变的细胞。若该功能失调则可能会导致肿瘤发生或持续性感染。

3. 免疫功能的类型

机体的免疫功能可分为特异性免疫和非特异性免疫两大类。

非特异性免疫功能：主要包括皮肤和黏膜的机械阻挡作用，皮肤和黏膜局部微环境形成的抑菌和杀菌效应，体内多种非特异性免疫效应细胞和免疫分子的清除抗原功能。非特异性免疫构成了机体抵御微生物侵袭的第一道防线，是机体在长期进化过程中形成的防御功能，是个体出生时就具备的，不针对某一抗原物质。

特异性免疫功能：机体与非己抗原接触之后才产生、并且仅特异性针对这一特定抗原物质的免疫功能。特异性免疫功能包括**体液免疫**和**细胞免疫**两种类型，在机体抗感染等免疫反应中发挥主导作用。

二、免疫系统组成

免疫功能是由机体的免疫系统执行完成的，免疫系统由免疫器官、免疫细胞和免疫分子组成（见表 11 - 1）。

表 11 - 1　免疫系统的组成

免疫系统	免疫器官	中枢免疫器官：骨髓和胸腺
		外周免疫器官：淋巴结、脾脏、黏膜相关淋巴组织
	免疫细胞	非特异性免疫细胞：NK 细胞、单核细胞、巨噬细胞、中性粒细胞、嗜酸性粒细胞、嗜碱性粒细胞、肥大细胞
		特异性免疫细胞：T 淋巴细胞、B 淋巴细胞
	免疫分子	分泌性分子：抗体、补体、细胞因子
		膜结合性分子：MHC 分子、CD 分子、黏附分子和膜受体

1. 免疫器官

中枢免疫器官是免疫细胞发生和发育的场所，包括**骨髓和胸腺**。骨髓是所有免疫细胞发生、分化、发育和成熟的地方。其中 T 淋巴细胞在骨髓中产生发育至一定阶段后转移至胸腺进一步发育成熟。

外周免疫器官是免疫细胞定居、增殖和接受抗原刺激产生特异性免疫应答的场所，包括脾脏、淋巴结和黏膜相关淋巴组织。在中枢免疫器官分化成熟的 T、B 细胞随血液循环进入外周免疫器官，相对分布于不同的区域。

淋巴结是淋巴细胞（T 细胞和 B 细胞）定居和增殖的场所，既是免疫应答发生的基地，也是淋巴液过滤的部位以及淋巴再循环的重要组成环节。淋巴结中除含有淋巴细胞外，还含有树突状细胞、网状细胞、浆细胞和巨噬细胞。

脾是人体最大的免疫器官。脾内除含有大量的 T 细胞和 B 细胞外，还含有树突细胞和巨噬细胞。脾具有过滤血液的作用，可清除血液中的病原体等异物。脾脏同淋巴结都是免疫应答的重要场所，而脾脏是机体针对血源性抗原应答的主要场所。

2. 免疫细胞

免疫细胞是指所有参与免疫应答反应或与之相关的细胞，包括 T 细胞、B 细胞、自然杀伤细胞（natural killer，NK 细胞）、单核 - 巨噬细胞、树突细胞等。

免疫细胞中 T 细胞和 B 细胞均来源于骨髓的多功能干细胞。T 细胞和 B 细胞表面具有特异性抗原受体，分别介导特异性细胞免疫应答和特异性体液免疫应答，故 T、B 细胞属于特异性免疫细胞，又称为免疫活性细胞。其他免疫细胞的功能则没有特异性，为非特异性免疫细胞，在免疫功能执行中参与非特异性免疫应答和特异性免疫应答。

T 细胞是淋巴细胞中数量最多，功能最复杂的一类细胞。按其功能可分为三个亚群：

辅助性 T 细胞（Th）、抑制性 T 细胞（Ts）和细胞毒性 T 细胞（Tc）。它们的正常功能对人类抵御疾病非常重要。在外周血，B 细胞占淋巴细胞总数的 20% ~30%；在淋巴结约占 25%；在脾脏约占 50% ~65%。而 T 细胞占外周血淋巴细胞的 70% ~80%；在淋巴结中，约占 75%，在脾脏约占 35% ~50%。

非特异性免疫细胞包括的细胞种类很多，分布也非常广泛。外周血中白细胞所包含的粒细胞、单核细胞等都属于非特异性免疫细胞，在免疫功能表达时往往血白细胞数量和分类比例会发生较大改变。血液中单核细胞进入组织后转变为巨噬细胞，构成单核 - 巨噬细胞系统，发挥在组织中清除抗原的功能。

3. 免疫分子

免疫分子是由免疫细胞合成并参与免疫应答的分子，根据其存在状态可分为膜结合性分子和分泌性分子两种。免疫分子是免疫细胞间或免疫系统与其他系统（如神经系统和内分泌系统等）之间信息传递、相互协调与制约的活性介质。其中分泌性免疫分子包括抗体、补体和细胞因子，均由免疫细胞分泌产生，是免疫应答中重要的效应分子。

三、免疫低下动物模型的制备

有助于增强免疫力功能的保健食品适用于免疫低下人群，用免疫低下动物模型进行评价更接近实际情况。目前，常用的化学造模药有环磷酰胺、氢化可的松、地塞米松、环孢菌素 A、放线菌素、长春新碱等，其中又以环磷酰胺应用最广。这些药物多属于临床抗癌药物，可以非特异性地破坏免疫细胞，造成免疫功能下降。另外也有采用辐射手段建立放射性免疫低下模型。这里仅介绍环磷酰胺和氢化可的松致免疫低下模型的方法。

环磷酰胺模型比较适合体液免疫功能检验，氢化可的松模型比较适合细胞免疫功能和非特异性免疫功能检验。建议根据实际需要选择合适的模型。

1. 环磷酰胺致免疫低下模型

【建模概况】推荐用近交系小鼠，如 C57BL/6J、BALB/c 等，6 周 ~8 周龄，18g ~22g（BALB/c 种可 16g ~18g），单一性别，雌雄均可，每组 10 只 ~15 只。

环磷酰胺主要通过 DNA 烷基化破坏 DNA 的结构，从而阻断其复制，非特异性地杀伤淋巴细胞。环磷酰胺对 B 细胞的抑制比 T 细胞强，一般对体液免疫有很强的抑制作用，对 NK 细胞的抑制作用较弱。

环磷酰胺多选择腹腔注射方式给药，以强化注射、少量多次注射和一次大剂量注射等方案，都可以导致小鼠免疫功能明显被抑制。由于大剂量环磷酰胺会导致动物免疫抑制过重，可能超过了保健食品调节能力，因此更适合检验保健食品免疫功能是经中等剂量、强化给药方式诱导免疫低下模型。

【建模步骤】环磷酰胺以 50mg/kg，隔天腹腔注射给予小鼠，共注射 5 次。末次注射后第 2 天，采血，进行白细胞总数和血清溶血素测定等免疫功能指标测定。

【模型评价】环磷酰胺会造成白细胞总数下降，随着剂量增加或时间延长，抗体生成细胞数会先收到抑制，接着 NK 细胞活性会下降，而对 T 细胞功能的影响最不易。

评价指标和标准： 与正常小鼠比较，以白细胞总数显著下降、血清溶血素显著降低为模型成功。

2. 氢化可的松致免疫低下模型

【建模概况】 推荐用近交系小鼠，如 C57BL/6J、BALB/c 等，6 周 ~8 周龄，18g ~ 22g（BALB/c 种可 16g ~ 18g），单一性别，雌雄均可，每组 10 只 ~ 15 只。

氢化可的松主要通过与其受体结合进入细胞核，阻碍 NF – KB 进入细胞核，抑制细胞因子与炎症介质的合成和释放，达到免疫抑制目的。氢化可的松还可损伤浆细胞，抑制巨噬细胞对抗原的吞噬、处理和呈递作用，所以氢化可的松对细胞免疫、体液免疫和巨噬细胞的吞噬、NK 作用都有一定的抑制作用。

【建模步骤】 氢化可的松隔天肌内注射 40mg/kg，共 5 次，末次注射给药后次日测定各项指标。

【模型评价】 氢化可的松可造成小鼠白细胞总数下降，ConA 诱导的小鼠脾淋巴细胞转化降低，迟发性变态反应能力下降、碳廓清能力下降和巨噬细胞吞噬能力下降。

评价指标和标准： 与正常小鼠比较，以白细胞总数显著下降、淋巴细胞转化和迟发型变态反应任意一项显著抑制、碳廓清实验和巨噬细胞吞噬实验任意一项显著降低为模型成功。

四、有助于增强免疫力功能评价指标及结果分析

1. 有助于增强免疫功能评价动物实验方案

分为正常动物实验方案和免疫功能低下模型动物实验方案两种，可任选其一进行。有助于增强免疫力保健食品功能评价无论哪种方案，实验动物推荐用近交系小鼠，如 C57BL/6J、BALB/c 等。6 周 ~8 周龄，18g ~ 22g（BALB/c 种可 16g ~ 18g），单一性别，雌雄均可，每组 10 只 ~ 15 只。

（1）正常动物实验方案

小鼠按体重分为 3 个实验组，并设空白对照组，必要时设阳性对照组。受试样品给予时间四周或 30d。期间定期称量体重，监测实验动物一般状态。实验结束后，采血并处死动物，进行细胞免疫功能（ConA 诱导的小鼠脾淋巴细胞转化实验和迟发型变态反应）、体液免疫功能（抗体生成细胞检测和血清溶血素的测定）、单核 – 巨噬细胞功能（小鼠碳廓清实验和小鼠腹腔巨噬细胞吞噬荧光微球试验方法）和 NK 细胞活性测定。

（2）免疫功能低下模型动物方案

实验动物按照体重分为实验组和模型对照组，必要时设空白对照或阳性对照。实验组连续给予受试保健食品 4 周或 30d，对照组给予等体积生理盐水。在第 3 周后开始给予免疫抑制剂造模，可选用环磷酰胺、氢化可的松或其他合适的免疫抑制剂进行药物造模，进行建模与预防性给药相结合的实验。实验结束后，采血并进行外周血白细胞总数测定、细

胞免疫功能（ConA 诱导的小鼠脾淋巴细胞转化实验和迟发型变态反应）、体液免疫功能（抗体生成细胞检测和血清溶血素的测定）、单核 – 巨噬细胞功能（小鼠碳廓清实验和小鼠腹腔巨噬细胞吞噬荧光微球试验方法）和 NK 细胞活性测定。

　　2. 评价指标的判定

　　（1）正常动物实验方案
　　细胞免疫功能：细胞免疫功能测定项目中两个实验的结果均为阳性，判定细胞免疫功能试验结果阳性。
　　体液免疫功能：测定项目中两个实验的结果均为阳性，判定体液免疫功能试验结果阳性。
　　单核 – 巨噬细胞功能测定项目中两个实验的结果均为阳性，判定单核 – 巨噬细胞功能试验结果阳性。
　　NK 细胞活性测定实验的一个以上剂量结果阳性，判定 NK 细胞活性结果阳性。
　　有助于增强免疫力功能评价：正常动物实验方案需进行四个方面的测定。在细胞免疫功能、体液免疫功能、单核 – 巨噬细胞功能及 NK 细胞活性四个方面测定中，任两个方面试验结果为阳性，可以判定该受试样品具有增强免疫力作用。
　　（2）免疫功能低下模型动物方案
　　外周血白细胞总数测定：受试样品组两个以上剂量的白细胞总数显著高于阴性对照组，可以判定血液白细胞总数结果阳性。
　　细胞免疫功能：测定项目中两个实验的结果均为阳性，或任一个实验的两个剂量组结果阳性，可判定细胞免疫功能试验结果阳性。
　　体液免疫功能：测定项目中两个实验的结果均为阳性，或任一个实验的两个剂量组结果阳性，可判定体液免疫功能试验结果阳性。
　　单核 – 巨噬细胞功能：测定项目中两个实验的结果均为阳性，或任一个实验的两个剂量组结果阳性，可判定单核 – 巨噬细胞功能试验结果阳性
　　NK 细胞活性：测定实验的一个以上剂量结果阳性，判定 NK 细胞活性结果阳性。
　　有助于增强免疫力功能评价：在免疫功能低下模型成立条件下，血液白细胞总数、细胞免疫功能、体液免疫功能、单核 – 巨噬细胞功能及 NK 细胞活性五个方面测定中，任两个方面试验结果为阳性，判定该受试样品对免疫功能低下者有助于增强免疫力作用。
　　免疫功能低下模型动物实验至少需进行三个方面的测定。同时在各项实验中，任何一项测试都不出现加重免疫抑制剂作用的结果（表现为一个以上剂量组低于模型对照组）。

五、评价指标测定原理和实验方法

　　1. 血液白细胞数测定

　　【测定原理】 乙二胺四乙酸二钾（EDTA·K_2）能与血液中的钙离子结合成为螯合物，

从而阻止血液凝固，1.5mg～2.2mg 的 EDTA·K$_2$ 可阻止 1mL 血液凝固。全血用 EDTA·K$_2$ 抗凝后经血细胞分析仪检测，可测定白细胞数量和白细胞分类计数。

【仪器与试剂】仪器为冷冻离心机、全血细胞分析仪等。试剂为乙二胺四乙酸二钾（EDTA·K$_2$·2H$_2$O，MW404.47）。

抗凝剂配制：称量 8mg EDTA·K$_2$ 加双蒸水至 100mL 制成抗凝剂，50μL 抗凝剂可抗凝 1mL 小鼠全血。

【实验步骤】

① 以摘除小鼠眼球的方法采集全血，采用干净无菌的眼科镊子摘取小鼠一侧或双侧眼球，让血液自由滴入装有抗凝剂的 1.5mL 离心管（或商品化的抗凝管）中，采血过程中不断混匀血液与抗凝剂防止血液凝固，每只动物采集抗凝全血约 1mL。

② 上机前血液颠倒混匀，注意检查是否存在凝块。在 24h 内以全血细胞分析仪检测白细胞总数和淋巴细胞数。上机操作参照仪器说明书。

2. ConA 诱导的小鼠脾淋巴细胞转化实验

主要有 MTT 法和同位素掺入法两种检测方法，可任选其中之一。

（1）MTT 法

【测定原理】脾细胞主要包括 T 淋巴细胞和 B 淋巴细胞，给予刀豆蛋白 A（ConA）刺激后其中 T 淋巴细胞发生母细胞转化。T 细胞增殖程度可通过 MTT 比色法进行定量。

MTT 全称为 –（4，5 – Dimethylthiazol – 2 – yl）– 2，5 – diphenyltetrazolium bromide，中文化学名为 3 –（4，5 – 二甲基噻唑 –2）– 2，5 – 二苯基四氮唑溴盐，商品名为噻唑蓝，是一种黄颜色的染料。

MTT 比色法是一种检测细胞存活率和增殖率的方法。活细胞线粒体中的琥珀酸脱氢酶能使外源性的 MTT 还原为难溶的蓝紫色结晶甲瓒并沉积在细胞中，而死细胞无此功能。酸性异丙醇或二甲亚砜（DMSO）能溶解细胞中的甲瓒，其颜色深浅与酶活力成正比，所以测定 570nm 波长的吸光度可以反映琥珀酸脱氢酶活力高低，间接反映活细胞数量多少，反应细胞的增殖情况。

【仪器与试剂】仪器和耗材为纱布、200 目筛网、24 孔培养板，96 孔培养板（平底），手术器械、大号注射器内芯、二氧化碳培养箱、酶标仪、分光光度计、超净工作台、高压灭菌器、无菌滤器。

试剂为 RPMI1640 细胞培养液、小牛血清、2 – 巯基乙醇（2 – ME）、青霉素、链霉素、刀豆蛋白 A（ConA）、盐酸、异丙醇、MTT、Hank's 液、PBS 缓冲液（pH 值为 7.2～7.4）。

实验用试剂配制包括：

① 完全培养液：RPMI1640 培养液过滤除菌，用前加入 10% 小牛血清、1% 谷氨酰胺（200mmol/L）、青霉素（100U/mL）、链霉素（100ug/L）及 5×10^{-5}mol/L 的 2 – 巯基乙醇，用无菌的 1mol/L 的 HCl 或 1mol/L 的 NaOH 调 pH 值至 7.0～7.2，即完全培养液。

② ConA 液：用双蒸水配制成 100ug/mL 的溶液，过滤除菌，在低温冰箱（–20℃）保存。

③ **无菌 Hank's 液**：用前以 3.5% 的无菌 $NaHCO_3$ 调 pH 值为 7.2～7.4。

④ **MTT 液**：将 5mgMTT 溶于 1mL pH 值为 7.2 的 PBS 中，现配现用。

⑤ **酸性异丙醇溶液**：96mL 异丙醇中加入 4mL 1mol/L 的 HCl，临用前配制。

【实验步骤】

脾细胞悬液制备：

① 小鼠颈椎脱臼处死，75% 乙醇浸泡 3min，将小鼠置于无菌台面；

② 无菌操作打开腹腔，迅速取出脾脏，置于盛有适量无菌 Hank's 液的平皿中；

③ 用镊子轻轻梳刮将脾磨碎，制成单个细胞悬液，经 200 目筛网过滤。或者将脾脏放置于 200 目筛网上用注射器针芯轻轻研压而获得单个细胞悬液；

④ 细胞悬液稀释于 Hank's 液中，1000r/min 离心 10min，重复洗涤 2 次；

⑤ 最后将离心沉淀的细胞重悬于 1mL RPMI1640 完全培养液中，用台酚兰染色计数活细胞数（应在 95% 以上），调整细胞浓度为 3×10^6 个/mL。

淋巴细胞增殖反应：

① 将细胞悬液接种于 24 孔培养板中，每孔 1mL；

② 加 ConA 液 75μL/孔（相当于 7.5ug/mL），并设空白对照（不加 ConA），置 5% CO_2，37℃孵箱中培养 72h。

③ 培养结束前 4h，弃去培养液，加入不含小牛血清的 RPMI1640 培养液，同时加入 MTT（5mg/mL）50μL/孔，继续培养 4h。

④ 培养结束后，轻轻吸去孔内培养液，每孔加入 1mL 酸性异丙醇或者 DMSO，吹打混匀，使紫色结晶完全溶解。

⑤ 分装到 96 孔培养板中，每个孔分装 3 孔～6 孔作为平行样，用酶联免疫检测仪，以 570nm 波长测定光密度值。以无细胞空白孔调零，作好记录。也可将溶解液直接移入 2mL 比色杯中，分光光度计上在波长 570nm 测定吸光度。

【结果计算】用加 ConA 孔的吸光度减去不加 ConA 孔的吸光度代表淋巴细胞的增殖能力，受试样品组的吸光度差值显著高于对照组的吸光度差值，可判定该项实验结果阳性。

【注意事项】

① 选择有丝分裂原时 ConA 的浓度很重要，ConA 的浓度过高会产生抑制作用，不同批号的 ConA 在实验前要预试，以找到最佳刺激分裂浓度。

② MTT 有致癌性，使用的时候小心，有条件最好带透明的簿膜手套。配好的 MTT 需要无菌，MTT 对菌很敏感；96 孔板加 MTT 时不避光也没有关系，时间较短，或者可以把操作台上的照明灯关掉。

③ 避免血清干扰：一般选小于 10% 的胎牛血清的培养液进行试验。在呈色后尽量吸尽孔内残余培养液。

④ MTT 实验吸光度最后要在 0～0.7 之间，超出这个范围就不是直线关系（阴性组在 0.8～1.2，加药组在 0～0.7）。

⑤ 加酸性异丙醇或者 DMSO 之前要尽量去掉培养液，便于溶解甲瓒颗粒进行比色测定。

⑥ 加入 MTT 作用 4h 后洗掉上清液，注意不要将甲瓒洗掉，每孔加 200μL 酸性异丙醇或者 DMSO，在脱色摇床上振荡 10min，然后测吸光值。

（2）同位素掺入法

【测定原理】 T 淋巴细胞在有丝分裂原 PHA 或 ConA 等的刺激下转化为淋巴母细胞，同时伴有 DNA 和 RNA 合成明显增加。此时如在培养液中加入放射性核素 ^{3}H 标记的胸腺嘧啶核苷（^{3}H – TdR），则可被转化中的细胞作为 DNA 合成原料而摄入。测定细胞内参入 DNA 中 ^{3}H – TdR 的放射性强度可反映淋巴细胞增殖的程度。

【仪器与试剂】

① **仪器和耗材：** 200 目筛网、96 孔培养板（平底）、手术器械、二氧化碳培养箱、超净工作台、液体闪烁仪、多头细胞取集器、49 型玻璃纤维滤纸。

② **试剂：** RPMI – 1640 细胞培养液、小牛血清、青霉素、链霉素、刀豆蛋白 A（ConA）、Hank's 液、PBS 缓冲液（pH 值为 7.2 ~ 7.4）、^{3}H – TdR、闪烁液。相同试剂的配制同 MTT 比色法。

③ **^{3}H – TdR 工作液（25μCi/mL）配制：** 取 ^{3}H – TdR 原液 37MBq/mL 用无菌生理盐水稀释 40 倍即成 ^{3}H – TdR 工作液，用时每孔加 20μL。

④ **闪烁液配制：** 2,5 – 二苯基噁唑（PPO）0.5g、1,4 – 双 –（5 – 苯基噁唑基）– 苯（POPOP）0.25g、二甲苯 500mL 混匀。

【实验步骤】

脾细胞悬液制备： 无菌取脾，置于盛有适量无菌 Hank's 液的小平皿中，用镊子轻轻将脾撕碎，制成单细胞悬液。经 200 目筛网过滤，用 Hank's 液洗 3 次，1000r/min 离心 10min。然后将细胞悬浮于 2mL 的完全培养液中，用台酚兰染色计数活细胞数（应在 95% 以上），最后用 RPMI1640 完全培养液将细胞数调成 5×10^6 个/mL。

淋巴细胞增殖反应

① 将脾细胞悬液加入到 96 孔培养板中，200μL/孔。每个样品加 3 孔 ~ 6 孔。并设对照组（ConA，5ug/mL）和空白组（不加 ConA）。置 5% CO_2，37℃ 培养 72h。

② 培养结束前 6h，每孔加入 ^{3}H – TdR 20μL，使其终浓度为 $(3.7 ~ 18.5) \times 10^4$Bq/mL。

③ 用多头细胞收集器将细胞取集于玻璃纤维滤纸上。滤纸片充分干燥后置测量瓶中，加入 7mL 闪烁液，用液体闪烁仪测定每分钟次数（cpm）。

【结果计算】 以每分钟次数（cpm）测定细胞增殖，用刺激指数（SI）表示细胞增殖程度，计算公式如下：

$$SI = \frac{实验孔 cpm}{对照孔 cpm}$$

受试样品组的 SI 值显著高于对照组的 SI 值，即可判定该项实验结果阳性。

3. 迟发型变态反应（DTH）

迟发型变态反应实验有两种方法，绵羊红细胞（SRBC）诱导小鼠 DTH（足跖增厚法）和二硝基氟苯诱导小鼠 DTH（耳肿胀法），都可用于检测 T 淋巴细胞介导的细胞免疫功能。

（1）二硝基氟苯诱导小鼠 DTH（耳肿胀法）

【测定原理】二硝基氟苯（DNFB）是一种半抗原，将其稀释液涂抹腹壁皮肤后，与皮肤蛋白结合成完全抗原，由此刺激 T 淋巴细胞增殖成致敏淋巴细胞。4d ~ 7d 后再将 DNFB 涂抹于耳部，使局部产生迟发型过敏反应，表现为局部以淋巴细胞和单核 – 巨噬细胞浸润为主的渗出性炎症，呈肿胀状态。一般在抗原攻击后 24h ~ 48h 达高峰，故于此时测定其肿胀程度。

【仪器与试剂】DNFB、丙酮、麻油、硫化钡、打孔器。

DNFB 溶液： DNFB 溶液应新鲜配制，称取 DNFB 50mg，置清洁干燥小瓶中，将预先配好的 5mL 丙酮麻油溶液（丙酮：麻油 = 1 : 1），倒入小瓶，盖好瓶塞并用胶布密封。混匀后，用 250uL 注射器通过瓶盖取用。

【实验步骤】

① **致敏：** 每鼠腹部皮肤用硫化钡脱毛，范围约 3cm × 3cm，用 DNFB 溶液 50μL 均匀涂抹致敏。

② **DTH 的产生与测定：** 5d 后，用 DNFB 溶液 10μL 均匀涂抹于小鼠右耳（两面）进行攻击。攻击后 24h 颈椎脱臼处死小鼠，剪下左右耳壳。用打孔器取下直径 8mm 的耳片，称量。

【结果计算】以两侧耳重的差值作为迟发型超敏反应值，称为肿胀度。受试样品组的差值显著高于与对照组的差值，可判定该项实验结果阳性。

【注意事项】操作时应避免 DNFB 与皮肤接触。

（2）SRBC 诱导小鼠 DTH（足跖增厚法）

【测定原理】用绵羊红细胞（SRBC）可刺激小鼠 T 淋巴细胞增殖成致敏淋巴细胞，4d 后，当再以 SRBC 攻击时，即可见攻击部位出现迟发型超敏反应。

用绵羊红细胞（SRBC）注入小鼠腹腔，SRBC 可刺激 T 淋巴细胞增殖成致敏淋巴细胞。4d 后，当再以 SRBC 攻击时（足跖注射 SRBC），即可见攻击部位出现迟发型过敏反应。注射 SRBC 24h 后与注射前的足跖厚度的差值反应了迟发型过敏反应的强弱。

【仪器与试剂】游标卡尺（精密度 0.02mm）、绵羊红细胞（SRBC）、微量注射器（50μL）。

【实验步骤】

① **致敏：** 小鼠用 2%（体积分数）SRBC 腹腔或静脉免疫，每只鼠注射 0.2mL（约 1×10^8 个 SRBC）。

② **DTH 的产生与测定：** 免疫后 4d，测量左后足跖部厚度，然后在测量部位皮下注射 20%（体积分数）SRBC，每只鼠 20μL（约 1×10^8 个 SRBC），注射后于 24h 测量左后足跖部厚度，同一部位测量 3 次，取平均值。

【结果计算】以攻击前后足跖厚度的差值来表示迟发型超敏反应值。受试样品组的差值显著高于对照组的差值，可判定该项实验结果阳性。

【注意事项】

① 测量足跖厚度时，最好由专人来进行。卡尺紧贴足跖部，但不要加压；否则会影

响测量结果。

②攻击时所用的 SRBC 要新鲜（保存期不超过 1 周）。

4. 抗体生成细胞检测（B 淋巴细胞溶血空斑实验）

【测定原理】溶血空斑试验又称空斑形成细胞试验（Plaque forming cell assay，PFC），是体外检测单个抗体形成细胞（B 淋巴细胞）的一种方法。即将经 SRBC 免疫过的小鼠脾脏制成细胞悬液，与一定量的 SRBC 结合，于 37℃作用下，免疫活性淋巴细胞能释放出溶血素（抗体），在补体的参与下，使抗体形成细胞周围的 SRBC 溶解，从而在每一个抗体形成细胞周围形成肉眼可见的溶血空斑。每个空斑表示一个抗体形成细胞，空斑大小表示抗体生成细胞产生抗体的多少。由于溶血空斑试验具有特异性高，筛选力强，可直接观察等优点，故可用做判定免疫功能的指标，观察免疫应答的动力学变化，并可进行抗体种类及亚类的研究。

目前有关溶血空斑试验的具体方法很多，现仅将琼脂平板溶血空斑试验的操作方法简介如下。

【仪器与试剂】仪器和耗材为二氧化碳培养箱、恒温水浴、离心机、手术器械、玻片架、200 目筛网。试剂为 SRBC、补体（豚鼠血清）、Hank's 液、RPMI1640 培养液、SA 缓冲液、琼脂糖。试剂配制如下：

①琼脂糖：表层琼脂 0.7%，底层琼脂 1.4%，用 Hank's 液配制。

②补体：新鲜豚鼠血清 5 只以上混合（用前经 SRBC 吸收），用 SA 缓冲液 1:8 稀释备用。

③5×SA 缓冲液：巴比妥酸 0.23g、六水合氯化镁 0.05g、氯化钙 0.0755g、氯化钠 4.19g、碳酸氢钠 0.126g、巴比妥钠 0.15g，以 80mL 蒸馏水加热溶解，冷却后定容至 100mL，4℃保存备用。用时用蒸馏水稀释。

【实验步骤】

① SRBC：绵羊颈静脉取血，将羊血放入有玻璃珠的灭菌锥形瓶中，朝一个方向摇动，以脱纤维，放入 4℃冰箱保存备用，可保存 2 周。

②制备补体：采集豚鼠血，分离出血清（至少 5 只豚鼠的混合血清），将 1mL 压积 SRBC 加入到 5mL 豚鼠血清中，4℃冰箱放置 30min，经常振荡，离心取上清，分装，-70℃保存。用时以 SA 液按 1:8 ~ 1:15 稀释。

③免疫动物：每只鼠经腹腔或静脉注射 SRBC $5×10^7 ~ 2×10^8$ 个。也可将压积 SRBC 用生理盐水配成 2%（体积分数）的细胞悬液，每只鼠腹腔注射 0.2mL。

④脾细胞悬液制备：将 SRBC 免疫 4d ~ 5d 后的小鼠颈椎脱臼处死，取出脾脏，放在盛有 Hank's 液的小平皿内，轻轻撕碎脾脏，制成细胞悬液，经 200 目筛网过滤或用 4 层纱布将脾磨碎，1000/min 离心 10min；用 Hank's 液洗 2 遍；最后将细胞重悬于 5mL RPMI1640 培养液或者 Hank's 液中，计数细胞，并将细胞浓度调整为 $5×10^6$ 个/mL。

⑤空斑的测定：用 Hank's 液溶解制备 0.7% 琼脂糖和 1.4% 琼脂，加热融化，45℃水浴保温。

⑥倾注底层琼脂：将 1.4% 琼脂凝胶加热融化后，刷在玻片上，晾干。

⑦ **顶层琼脂的制备**：将 0.7% 的琼脂融化后，分装每管 0.5mL，再加入 50μL 10% SRBC（体积分数，用 SA 液配制）和 20μL 脾细胞悬液（5×10^6 个/mL），迅速混匀，倾注于已处理的玻片上，使之均匀铺平凝固后，倒置放于玻片槽内，37℃温育 1h ~ 1.5h。

然后用 SA 缓冲液稀释的补体（1：8）加入玻片架凹槽内，使其均匀浸润玻片表面，继续温育 1h ~ 1.5h 后，即可计数溶血空斑数。

【**结果计算**】观察时，将玻片对着光亮处，用肉眼或放大镜观察每个溶血空斑的溶血状况，并记录整个玻片中的空斑数，同时求出每百万个脾细胞内含空斑形成细胞的平均数。用空斑数/10^6 脾细胞或空斑数/全脾细胞来表示。

受试样品组的空斑数显著高于对照组的空斑数，可判定该项实验结果阳性。

【**注意事项**】

① **对 SRBC 的要求**：因为 SRBC 既是免疫原，也是靶细胞和指示细胞，故要求 SRBC 应新鲜，洗涤不超过 3 次，每次以 2000r/min 的转速离心 5min，细胞变形或脆性增大者均不能使用。

② **免疫所用 SRBC 的数量**：尾静脉注射以 2.0×10^4 个/0.2mL 为宜。腹腔注射为 4.0×10^8 个/mL，用量小，如低于 1.0×10^7 个/mL 注射 0.5mL，空斑形成极少；用量过大，超过 2.5×10^9 个/mL，多不能形成空斑。

③ **免疫脾的时间**：无论是经尾静脉还是腹腔免疫，均以免疫后第 4 天取脾为宜，过早或过晚空斑形成都极少。

④ **脾细胞的活力**：为了保证脾细胞的活力，制备脾细胞过程中所用 PBS（或 Hank's 液），最好临用时方从 4℃冰箱中取出，或整个操作过程应在冰浴中进行。

⑤ **处理玻片的要求**：底层要平，上层要把握好温度。

⑥ **补体的活力**：补体活力的大小，对溶血空斑的形成关系很大。如出现抗体或补体的活力低下，将不能形成空斑。所以补体要新鲜，并宜将 5 只以上豚鼠血清混合。试验中加入 Ca^{2+}、Mg^{2+} 是为了活化补体。DEAE - 右旋糖酐是一种多盐的水溶性物质，由于琼脂的半乳糖链上含有抗补体的硫酸酯基团，因此如加入 DEAE - 右旋糖酐能与它形成不可置换的结合，而使之沉淀，从而消除琼脂的抗补体作用。

⑦ **空斑计数**：要求判读准确，避免辨认造成的误差。遇可疑空斑时，应镜检，对肉眼结果进行核对。

5. 血清溶血素的测定

以 SRBC 为细胞性抗原对小鼠进行免疫。B 细胞在抗原刺激下增殖、分化成浆细胞，浆细胞在淋巴结或淋巴组织中经 3d ~ 4d 成熟，分泌与 SRBC 相对应的抗体——溶血素，并释放到体液中。通过测定溶血素可反映机体的特异性体液免疫功能。测定溶血素的方法有血凝法和半数溶血值法。

（1）血凝法

【**测定原理**】在含溶血素的血清中加入 SRBC，使二者结合形成抗原抗体复合物，利用其凝集 SRBC 的程度来检测溶血素的水平。

【**仪器与试剂**】SRBC、生理盐水、微量血凝实验板、离心机。

【实验步骤】

① **SRBC**：绵羊颈静脉取血，将羊血放入有玻璃珠的灭菌锥形瓶中，朝一个方向摇动，以脱纤维，放入4℃冰箱保存备用，可保存2周。

② **免疫动物及血清分离**：取羊血，用生理盐水洗涤3次，2000r/min离心10min。将压积SRBC用生理盐水配成2%（体积分数）的细胞悬液，每只鼠腹腔注射0.2mL进行免疫。4d～5d后，摘除眼球取血于离心管内，放置约1h，将凝固血与管壁剥离，使血清充分析出，2000r/min离心10min，收集血清。

③ **凝集反应**：用生理盐水将血清倍比稀释，将不同稀释度的血清分别置于微量血凝实验板内，每孔100μL，再加入100μL 0.5%（体积分数）的SRBC悬液，混匀，装入湿润的平盘内加盖，于37℃温箱孵育3h，观察血球凝集程度。

【结果计算】 血清凝集程度一般分为5级（0～Ⅳ）记录，按下式计算抗体积数：

$$抗体积数 = (S_1 + 2S_2 + 3S_3 + \cdots + nS_n)$$

式中，1，2，3，…，n表示对倍稀释的指数；S表示凝集程度的级别；抗体积数越大，表示血清抗体越高。

血凝程度分级：

0级：红细胞全部下沉，集中在孔底部形成致密的圆点状，四周液体清晰。

Ⅰ级：红细胞大部分沉集在孔底成圆点状，四周有少量凝集的红细胞。

Ⅱ级：凝集的红细胞在孔底形成薄层，中心可以明显见到一个疏松的红点。

Ⅲ级：凝集的红细胞均匀地铺散在孔底成一薄层，中心隐约可见一个小红点。

Ⅳ级：凝集的红细胞均匀地铺散在孔底成一薄层，凝块有时成卷折状。

受试样品组的抗体积数显著高于对照组的抗体积数，可判定该项实验结果阳性。

【注意事项】

血清稀释时要充分混匀。最后一个稀释度应不出现凝集现象。

（2）半数溶血值法

【测定原理】 在含溶血素的血清中加入SRBC，使二者结合形成抗原抗体复合物，再加入补体，则补体可会在抗体的激发下溶解与溶血素结合的SRBC，即溶血，而释出血红蛋白。溶血素的含量通过溶血过程释出的血红蛋白量来间接测定，它客观反应了小鼠特异性体液免疫功能。

【仪器与试剂】 仪器为分光光度计、离心机、恒温水浴。试剂为SRBC、补体（豚鼠血清）、SA缓冲液、都式试剂。试剂配制如下：

① **都式试剂**：碳酸氢钠1.0g，高铁氰化钾0.2g，氰化钾0.05g，加蒸馏水至1000mL。

② **5×SA缓冲液**：巴比妥酸0.23g，六水合氯化镁0.05g，氯化钙0.0755g，氯化钠4.19g，碳酸氢钠0.126g，巴比妥钠0.15g，以80mL蒸馏水加热溶解，冷却后定容至100mL，4℃保存备用。用时用蒸馏水稀释。

③ **SRBC**：绵羊颈静脉取血，将羊血放入有玻璃珠的灭菌锥形瓶中朝一个方向摇动，以脱纤维，放入4℃冰箱保存备用，可保存2周。

④ **制备补体**：采集豚鼠血，分离出血清（至少5只豚鼠的混合血清），将1mL压积

SRBC 加入到 5mL 豚鼠血清中，放 4℃ 冰箱 30min，经常振荡，离心取上清，分装，−80℃ 保存。用时以 SA 液按 1：8 稀释。

【实验步骤】

① **免疫动物及血清分离**：取羊血，用生理盐水洗涤 3 次，每次 2000r/min 离心 10min。将压积 SRBC 用生理盐水配成 2%（体积分数）的细胞悬液，，每只鼠腹腔注射 0.2mL 进行免疫。4d ～5d 后，摘除眼球取血于离心管内，放置约 1h，使血清充分析出，2000r/min 离心 10min，收集血清。

② **溶血反应**：取血清用 SA 缓冲液稀释（一般为 200～500 倍）。将稀释后的血清 1mL 置试管内，依次加入 10%（体积分数）SRBC 0.5mL，补体 1mL（用 SA 液按 1：8 稀释）。另设不加血清的对照管（以 SA 液代替）。置 37℃ 恒温水浴中保温 15min～30min 后，冰浴终止反应。2000r/min 离心 10min。样品管取上清液 1mL，加都氏试剂 3mL；半数溶血管取 10%（体积分数）SRBC 0.25mL 加都氏试剂至 4mL，充分混匀，放置 10min 后，于 540nm 处以对照管作空白，分别测定各管吸光度。

【结果计算】 溶血素的量以半数溶血值（HC_{50}）表示，按下式计算，受试样品组的 HC_{50} 显著高于对照组的 HC_{50}，可判定该项实验结果阳性。

$$样品\ HC_{50} = \frac{样品吸光度}{SRBC\ 半数溶血时的吸光度} \times 稀释倍数$$

6. 小鼠碳廓清实验

【测定原理】 血液中的单核－吞噬细胞系统具有对进入体内的异物吞噬清除的功能。当碳颗粒以注射的方式进入血液后即迅速被肝、脾等器官中的巨噬细胞吞噬，而使其在血浆中的浓度降低，因此可通过吞噬率来反映单核－巨噬细胞系统的功能。在一定范围内，碳颗粒的清除速率与其剂量呈指函数关系，即吞噬速度与血碳浓度成正比，而与已吞噬的碳粒量成反比。

以血碳浓度的对数值为纵坐标，时间为横坐标，两者呈直线关系。此直线斜率 k 可表示吞噬速率。动物肝、脾质量存在个体差异，因此以肝、脾质量校正后得到校正的吞噬指数 a 表示小鼠碳廓清能力。

【仪器与试剂】 仪器为分光光度计、计时器、移液器。试剂包括：

① **印度墨汁**：将印度墨汁原液用生理盐水稀释 3～4 倍用于实验。

② **0.1% Na_2CO_3**：取 0.1g Na_2CO_3，加蒸馏水至 100mL。

【实验步骤】

① 称量小鼠体重，计算墨汁注射量（0.1mL/10g 体重）。

② 注射墨汁：从小鼠尾静脉注入印度墨汁，待墨汁注入，立即计时。

③ 采血：注入墨汁后 2min 和 10min，分别从内眦静脉丛取血 20μL，立即加至 2mL Na_2CO_3 溶液中。

④ 测定：分光光度计在 600nm 波长处测吸光度，以 Na_2CO_3 溶液作空白对照。

⑤ 将小鼠处死，取肝脏和脾脏，用滤纸吸干脏器表面血污，称量。

【结果计算】 一般以校正的吞噬指数 a 表示小鼠碳廓清能力。a 反映了单位质量肝、脾组织的吞噬活性，计算公式如下：

$$a = \frac{体重}{肝重 + 脾重} \times \sqrt[3]{k}$$

$$k = \frac{\lg A_1 - \lg A_2}{t_2 - t_1}$$

式中，2min 的吸光度为 A_1；10min 的吸光度为 A_2；$t_1 = 2$；$t_2 = 10$。

受试样品组的吞噬指数显著高于对照组的吞噬指数，可判定该项实验结果阳性。

【注意事项】

① 静脉注入碳粒的量、取血时间、取血量一定要准确。

② 墨汁放置中，碳粒可沉于瓶底，临用前应摇匀。

③ 使用新的墨汁时，应在实验前摸索一个最适墨汁注入量，即正常小鼠在 20min ~ 30min 内不易廓清，而激活的小鼠可明显廓清。

7. 小鼠腹腔巨噬细胞吞噬荧光微球试验方法

【测定原理】 巨噬细胞具有对异物吞噬清除的能力。将表面带有阳性可调理基团的荧光微球加入巨噬细胞中，巨噬细胞会吞噬荧光微球，用流式细胞仪检测巨噬细胞，计数吞噬荧光微球的巨噬细胞，计算吞噬百分率和吞噬指数，据此判定巨噬细胞的吞噬能力。

【仪器与试剂】 仪器为流式细胞仪、超声清洗仪、二氧化碳细胞培养箱、离心机。耗材为六孔培养板、细胞刮、过滤器（75μm）、流式上样管、流式细胞仪专用鞘液、白细胞计数板、手术器械一套、注射器等。

试剂包括 Hank's 液、小牛血清、PBS 缓冲液、生理盐水、荧光微球（φ2μm）、1% 小牛血清白蛋白（BSA）。配制如下：

① 含 5% 小牛血清的 Hank's 液： 取 10mL 小牛血清加入 200mL Hank's 液中，混匀，使用前配制。

② PBS 缓冲液： 将 KH_2PO_4 6.66g、$Na_2HPO_4 \cdot 12H_2O$ 6.38g，溶于 1000mL 蒸馏水中调 pH 值至 7.2。

③ 2% 绵羊红细胞悬液： 实验前取绵羊颈静脉血，置于盛有玻璃珠（20 个左右）的三角瓶内，连续顺一个方向充分摇动 5min ~ 10min，除去纤维蛋白。用生理盐水洗涤 3 次，每次 1500r/min，离心 10min，4℃冰箱保存。实验前弃去上清，按血球压积用生理盐水配制成 2% 的红细胞悬液。

④ 1% BSA： 0.5g BSA 溶于 50mL PBS 缓冲液中，使用前配制。

⑤ 荧光微球预调理： 取荧光微球与 1% BSA 以 1 : 100（体积比）混匀，37℃避光孵育 30min，超声处理 5min，使用前配制。

【实验步骤】

① 实验前 4d，每只小鼠腹腔注射 2% 绵羊血红细胞 0.2mL 以激活小鼠巨噬细胞。

② 实验当天用颈椎脱臼法处死小鼠，腹腔注射加小牛血清的 Hank's 液 3mL/只，轻轻按揉腹部 20 次，以充分洗出腹腔巨噬细胞。将腹壁剪开一个小口，吸取腹腔洗液 2mL 并经 75μm（200 目）过滤器过滤至试管内。

③ 计数细胞，将巨噬细胞调整为 $(4 \sim 6) \times 10^5/mL$。以每孔 1mL 腹腔巨噬细胞悬液接种于 6 孔培养板中，加入已经预调理过的荧光微球（$1 \times 10^7/$孔），置于二氧化碳细胞培养箱（或室温）避光孵育 90min ~ 120min。

④ 孵育结束后弃上清（含未贴壁细胞和多余荧光微球），加入 1.0mL PBS 液轻轻洗涤，重复洗涤 2 次。

⑤ 弃上清，再加入 4℃ PBS 缓冲液 0.3mL，用细胞刮刮下贴壁细胞，轻轻吹打均匀后经 75μm 过滤器过滤后上机分析。

⑥ 流式细胞仪检测分析

a）设门：首先设立 FSC - SSC 二维散点图，通过调节 FSC 和 SSC 电压值，以巨噬细胞设门界定分析的巨噬细胞群，最大限度地排除其他有核细胞、细胞碎片等的干扰；

b）获取：在荧光微球发射光的荧光通路 FL2 检测巨噬细胞的荧光强度，每份样本获取 5000 个巨噬细胞，数据可显示于二维散点图和直方图中。在二维散点图中可通过设门圈定未吞噬荧光微球的巨噬细胞群和吞噬荧光微球的巨噬细胞群；在直方图中可通过标尺标定未吞噬荧光微球的巨噬细胞群和吞噬荧光微球的巨噬细胞群，全部数据经相关软件分析未吞噬荧光微球的巨噬细胞和吞噬不同数量荧光微球的巨噬细胞的比例。

【结果计算】小鼠巨噬细胞的吞噬能力以吞噬率或吞噬指数表示：

$$吞噬率（\%）= \frac{吞噬荧光微球的巨噬细胞数}{计数的巨噬细胞总数} \times 100$$

吞噬率需进行数据转换再进行数据统计学分析，$X = \sin^{-1}\sqrt{P}$，其中 P 为吞噬率。

$$吞噬指数 = \frac{被吞噬的荧光微球总数}{计数的巨噬细胞数}$$

式中，被吞噬的荧光微球总数 = 吞噬 1 个荧光微球的巨噬细胞总数 ×1 + 吞噬 2 个荧光微球的巨噬细胞数 ×2 +3 个荧光微球的巨噬细胞总数 ×3，以此类推。

受试样品组的吞噬百分率或吞噬指数显著高于对照组，可判定该项实验结果阳性。

【注意事项】

① 颈椎脱臼处死小鼠勿用力过大，防止腹腔内血管破裂出血，导致腹腔洗液中混杂大量红细胞，影响流式细胞仪的结果分析。

② 孵育、细胞洗涤和上机全程注意避光，以保持微球荧光稳定性。

③ 巨噬细胞、荧光微球浓度要根据试剂说明书调整合适，否则影响结果准确性。

④ 细胞处理过程要轻柔，尽量减少碎片和杂质对结果分析的影响。

⑤ 腹水细胞上机前一定要用足够标准的滤器过滤，调理后多余的荧光微球要尽量去除，以防止流式细胞仪堵塞。

8. NK 细胞活性测定

NK 细胞在抗病毒感染中具有重要作用。NK 细胞在未经抗原预先致敏和无特异性抗原或补体参与的条件下，就可对多种肿瘤和病毒感染的靶细胞产生杀伤作用。测定 NK 细胞杀伤活性也是免疫功能重要的一方面，主要有乳酸脱氢酶测定法和同位素 ³H - TdR 测定法两种方法。

（1）乳酸脱氢酶测定法

【测定原理】 活细胞的胞浆内含有 LDH。正常情况下，LDH 不能透过细胞膜，当细胞受到 NK 细胞的杀伤后细胞膜通透性增加，LDH 释放到细胞外。LDH 可使乳酸锂脱氢，进而使烟酰胺腺嘌呤核苷酸（NAD）还原成烟酰胺腺嘌呤二核苷酸磷酸（NADH），后者再经递氢体吩嗪二甲酯硫酸盐（PMS）还原碘硝基氯化四氮唑（INT），INT 接受 H^+ 被还原成紫红色甲臜类化合物。在酶标仪上用 490nm 比色测定。

【仪器与试剂】 仪器为酶标仪、CO_2 培养箱。材料与试剂包括：YAC-1 细胞、Hank's 液（pH 值为 7.2~7.4）、RPMI1640 完全培养液、乳酸锂或乳酸钠、硝基氯化四氮唑（INT）、吩嗪二甲酯硫酸盐（PMS）、NAD、0.2mol/L 的 Tris-HCl 缓冲液（pH 值为8.2）、1% NP40 或 2.5% Triton。

LDH 基质液的配制：将乳酸锂 5×10^{-2} mol/L、硝基氯化四氮唑（INT）6.6×10^{-4} mol/L、吩嗪二甲酯硫酸盐（PMS）2.8×10^{-4} mol/L、氧化型辅酶 I（NAD）1.3×10^{-3} mol/L 试剂溶于 0.2mol/L 的 Tris-HCl 缓冲液中（pH 值为 8.2）。

【实验步骤】

① 实验前 24h 将靶细胞（YAC-1 细胞）进行传代培养。应用前以 Hank's 液洗 3 次，用 RPMI1640 完全培养液调整细胞浓度为 4×10^5 个/mL。

② 脾细胞悬液的制备（效应细胞）：无菌取脾，置于盛有适量无菌 Hank's 液的小平皿中，用镊子轻轻将脾磨碎，制成单细胞悬液。经 200 目筛网过滤，或用 4 层纱布将脾磨碎，或用 Hank's 液洗 2 次，1000r/min 离心 10min，弃上清。

③ 细胞沉淀加入 0.5mL 灭菌水 20s 或加入红细胞裂解液，再加入 Hank's 液，1000r/min 离心 10min，用 1mL 含 10% 小牛血清的 RPMI1640 完全培养液重悬。

④ 用 1% 冰醋酸稀释后计数（活细胞数应在 95% 以上），用台酚兰染色计数活细胞数（应在 95% 以上），最后用 RPMI1640 完全培养液调整细胞浓度为 2×10^7 个/mL。

⑤ NK 细胞活性检测：取靶细胞和效应细胞各 100μL（效靶比 50:1），加入 U 型 96 孔培养板中；靶细胞自然释放孔加靶细胞和培养液各 100μL，靶细胞最大释放孔加靶细胞和 1% NP40 或 2.5% Triton 各 100μL；上述各项均设 3 个复孔，于 37℃、5% CO_2 培养箱中培养 4h。然后将 96 孔培养板 1500r/min 离心 5min，每孔吸取上清 100μL 置平底 96 孔培养板中，同时加入 LDH 基质液 100μL，反应 3min，每孔加入 1mol/L 的 HCl 30μL，在酶标仪 490nm 处测定吸光度。

【结果计算】 按下式计算 NK 细胞活性以% 计：

$$NK 细胞活性 = \frac{反应孔吸光度 - 自然释放孔吸光度}{最大释放孔吸光度 - 自然释放孔吸光度} \times 100\%$$

受试样品组的 NK 细胞活性显著高于对照组的 NK 细胞活性，即可判定该项实验结果阳性。

【注意事项】

① 靶细胞和效应细胞必须新鲜，细胞存活率应大于 95%。

② 比色时环境温度应保持恒定。

③ LDH 基质液应临用前配制。

④ 在一定范围内，NK 细胞活性与效靶比值成正比。一般效靶比值不应超过 100。

（2）同位素 ^{3}H – TdR 测定法

【测定原理】

将用同位素 ^{3}H – TdR 标记的靶细胞与淋巴细胞共同培养时，靶细胞可被 NK 细胞杀伤。同位素便从被杀伤的靶细胞中释放出来，其释放的量与 NK 细胞活性成正比。通过测定靶细胞 ^{3}H – TdR 的释放率即可反应 NK 细胞的活性。

【仪器与试剂】仪器为液体闪烁仪、多头细胞取集器、CO_2 培养箱。材料与试剂为 YAC – 1 细胞、^{3}H – TdR，RPMI1640 完全培养液、Hank's 液（pH 值为 7.2～7.4）和 TritonX – 100。

【实验步骤】

① 靶细胞的标记：取传代后 24h 生长良好的 YAC – 1 细胞（存活率 > 95%）按 1×10^6/mL YAC – 1 细胞悬液加 ^{3}H – TdR 10uCi 进行标记，于 37℃、5% CO_2 培养箱中培养 2h，每 30min 振荡 1 次。标记后的细胞用培养液洗涤 3 次，重悬于培养液中，使细胞浓度为 1×10^5 个/mL。

② 脾细胞悬液的制备（效应细胞）：同"（1）乳酸脱氢酶测定法"。

③ NK 细胞活性检测。在 96 孔培养板中每孔加 100μL 标记的靶细胞，实验孔加 100μL 效应细胞，空白对照孔加 100μL 培养液，最大释放孔加 100μL 2.5% Triton X – 100。每个样品设 3 个复孔，置 5% CO_2、37℃培养箱内温育 4h，用多头细胞收集器将细胞收集在玻璃纤维滤纸上，用液体闪烁仪进行测量，测量结果可用每分钟次数（cpm）表示。

【结果计算】按下式计算 NK 细胞活性：

$$NK 细胞活性(\%) = \frac{实验孔 cpm}{空白对照孔 cpm - 最大释放孔 cpm} \times 100$$

受试样品组的 NK 细胞活性显著高于对照组的 NK 细胞活性，即可判定该项实验结果阳性。

第十二章　有助于降低过敏反应功能

一、过敏反应

1. 过敏反应概念

过敏反应（anaphylaxis），又称超敏反应（hypersensitivity）和变态反应（allergy），是指机体对某些抗原初次应答后，再次接受相同抗原刺激时，发生的一种以机体生理功能紊乱或组织细胞损伤为主的特异性免疫应答。过敏反应与免疫反应本质上都是机体对某些抗原物质的特异性免疫应答，但过敏反应主要表现为组织损伤和/或生理功能紊乱，免疫反应则主要表现为生理性防御效应。

2. 过敏反应发生的决定因素

过敏反应的发生决定于两方面的因素：抗原物质的刺激和机体的反应性。抗原物质的刺激是诱导机体产生超敏反应的先决条件。能诱发超敏反应的抗原称为**变应原**，可以是完全抗原，如异种组织细胞、各种微生物、寄生虫及其代谢产物、植物花粉和动物毛皮等；也可以是半抗原，如青霉素、磺胺等药物以及染料、生漆和多糖等物质。接触抗原物质后能否发生超敏反应还与机体的反应性有关。接触同一种抗原后发生超敏反应的只占少数。例如，摄入动物蛋白或吸入植物花粉，一般个体不产生超敏反应，而仅少数人对上述抗原物质高度敏感而诱发超敏反应。通常称这些人为过敏体质者，过敏体质具有遗传倾向。

3. 过敏反应的类型

Gell 和 Coombs 根据超敏反应发生机制和临床特点，将其分为四型：Ⅰ型超敏反应，即速发型超敏反应；Ⅱ型超敏反应，即细胞毒型或细胞溶解型超敏反应；Ⅲ型超敏反应，即免疫复合物型或血管炎型超敏反应；Ⅳ型超敏反应，即迟发型超敏反应。

（1）Ⅰ型超敏反应

① **主要特征**：Ⅰ型超敏反应主要由特异性 IgE 抗体介导产生，可发生于局部，亦可发生于全身。其主要特征是：主要由 IgE 介导；反应快，几秒钟至几十分钟内出现，消退也快；具有明显个体差异和遗传背景；通常使机体出现功能紊乱性疾病，而不发生严重组织细胞损伤。

② **变应原**：引起Ⅰ型超敏反应的变应原为外源性变应原，种类繁多。可通过吸入、食入、注射或接触而使机体致敏。常见的变应原主要有花粉颗粒、尘螨及其排泄物、动物皮屑或羽毛，药物如青霉素、磺胺、普鲁卡因等。而食源性变应原多为各种动物性食品，

如鱼、虾、蟹、贝类、蛋品、牛奶等。

③ **致病机制**：这些变应原进入机体后可作用于鼻咽、扁桃体、气管和胃肠道黏膜下固有层淋巴组织中的 B 细胞，诱导产生大量 IgE。IgE 可结合至肥大细胞和嗜碱性粒细胞表面受体，而使机体处于致敏状态。当相同变应原再次进入机体时，通过与致敏肥大细胞/嗜碱性粒细胞表面 IgE 特异结合，使靶细胞脱颗粒而释放生物活性介质。这些活性介质作用于效应组织和器官，引起局部或全身过敏反应。

④ **症状表现**：可作用于全身或局部的毛细血管，使血管扩张且通透性增加，从而可引起全身过敏性休克或局部水肿；使支气管、消化道等部位的平滑肌痉挛，黏膜腺体分泌增加，引起过敏性鼻炎、哮喘，过敏性胃肠炎；而作用于皮肤可引起荨麻疹。

（2）Ⅱ型超敏反应

Ⅱ型过敏反应是由抗体（IgG 或 IgM）与靶细胞表面相应抗原结合后，在补体、吞噬细胞和 NK 细胞参与作用下，引起的以细胞溶解或组织损伤为主的病理性免疫反应。故又称细胞溶解型（cytolytic type）或细胞毒型（cytotoxic type）超敏反应。

正常组织细胞、改变的自身组织细胞和被抗原或抗原表位结合修饰的自身组织细胞，均可成为Ⅱ型超敏反应中被攻击杀伤的靶细胞。靶细胞表面的抗原主要包括：正常存在于血细胞表面的同种异型抗原，如 ABO 血型抗原、Rh 抗原和 HLA 抗原；外源性抗原与正常组织细胞之间具有的共同抗原；感染和理化因素（如辐射、热、化学制剂等）所致改变的自身抗原；结合在自身组织细胞表面的药物抗原表位或抗原－抗体复合物。

（3）Ⅲ型超敏反应

Ⅲ型超敏反应是由可溶性免疫复合物（immune complex，IC）沉积于局部或全身毛细血管基底膜后，通过激活补体和血小板、嗜碱性粒细胞、嗜中性粒细胞参与作用下，引起的以充血水肿、局部坏死和中性粒细胞浸润为主要特征的炎症反应和组织损伤。故又称免疫复合物型或血管炎型超敏反应。

① **抗原**：引起Ⅲ型超敏反应的抗原种类很多，既包括内源性抗原，如类风湿关节炎的变性 IgG、全身性红斑狼疮的核抗原、肿瘤抗原等；也包括外源性抗原，如各种病原微生物、寄生虫、药物、异种血清等。这些抗原与相应的抗体结合形成了 IC。一般而言，只有当这些可溶性 IC 长期存在于循环中时，才有可能沉积于毛细血管基底膜引起Ⅲ型超敏反应。

② **表现症状**：Ⅲ型超敏反应病情发展缓慢。主要表现为血清病、链球菌感染后肾小球肾炎、类风湿性关节炎。病变多位于肾脏、中小动脉周围、心瓣膜、关节周围、淋巴组织等。症状表现为淋巴结肿大、发烧、心悸、关节痛、软组织坏死和溃疡等。

（4）Ⅳ型超敏反应

Ⅳ型超敏反应是由效应 T 细胞与相应抗原作用后，引起的以单个核细胞浸润和组织细胞损伤为主要特征的炎症反应。其发生机制与抗体和补体无关，主要是 T 细胞介导的免疫损伤。该型超敏反应发生较慢，一般于再次接触抗原后 12h～18h 出现反应，48h～72h 达到高峰，故亦称为迟发型超敏反应（delayed hypersensitivity，DTH）。

① **抗原**：引起该型超敏反应的抗原多是微生物、寄生虫、组织抗原和某些化学物质等，尤其是某些胞内寄生菌（如结核杆菌）是最常见引起Ⅳ型超敏反应的抗原。

②致敏 T 细胞形成：引起Ⅳ型超敏反应的抗原物质进入机体，经抗原递呈作用，可激活抗原特异性 Th 细胞和 Tc 细胞，此阶段需要 1 周～2 周。

③T 细胞引起的炎症反应和细胞毒作用：激活的 Th 细胞释放大量炎症因子，产生以单核细胞及淋巴细胞浸润为主的免疫损伤效应。而活化的 Tc 细胞则特异性释放穿孔素和颗粒酶等介质导致靶细胞溶解破坏，造成机体细胞损伤。故多数Ⅳ型超敏反应发生于接触抗原 24h 之后，常表现为传染性迟发性超敏反应和接触性皮炎。主要症状有红肿、皮疹、水泡，严重者可出现剥脱性皮炎。

二、过敏反应动物模型的制备

1. Ⅰ型过敏反应动物模型

【实验动物】

（1）豚鼠由于其发达的补体系统，往往极易诱导对一些变应原的强烈过敏反应，是过敏反应研究中常用的实验动物。但豚鼠的免疫系统与人类免疫系统差别较大，也使豚鼠过敏反应模型具有严重不足。

（2）小鼠免疫系统与人类接近，且操作简单和标准化生物样品容易获取，使得小鼠过敏反应模型成为最受欢迎的一类过敏反应动物模型。小鼠过敏反应模型在食品和药品的过敏性评价方面都有广泛的应用。

（3）小鼠品系众多，表现出不同的过敏易感性和差异。BALB/c 小鼠是一种高 IgE 表达且倾向于 Th2 型反应的实验动物，能较好地模拟临床过敏反应的发生。因此 BALB/c 小鼠在诱导Ⅰ型过敏反应动物模型更受欢迎。

因此，此处以 BALB/c 小鼠为实验动物，雄性，7 周～8 周龄，18g～22g，每组12 只～15 只。

【免疫原理】选择免疫原性很强的卵清蛋白（Ovalbumin，OVA）作为致敏原，经皮下注射途径免疫 BALB/c 小鼠，可诱导小鼠 IgE 显著升高。

【操作步骤】BALB/c 小鼠分别于第 1d 和第 7d 皮下注射 2.0mg/mL 的 OVA 溶液0.25mL（0.5mg/只）。于致敏第 0d 和第 14d 采血测定 IgE 含量变化。

【模型评价】血 IgE 含量第 14d 显著高于第 0d 基础值和模型组第 14d IgE 含量显著高于对照组，则Ⅰ型过敏反应动物模型。

2. Ⅱ型过敏反应的动物模型

采用的 Forssman 抗原或称嗜异性抗原（如兔抗 SRBC 血清）诱发Ⅱ型变态反应。实验动物常选用豚鼠。

豚鼠背部皮内注射给予兔抗 SRBC 血清 0.1mL/只，1h 后进行 Forssman 皮肤血管炎反应，蓝斑面积和浓度高于空白对照组为建模成功。

3. Ⅲ型过敏反应的动物模型

本型过敏反应多选用大鼠作为实验动物。将弗氏完全佐剂和马血清（1∶1）乳化后给大鼠腹腔注射，使之致敏。于第 14 天背部皮下再次注射上述乳化液，使之加强免疫。第 21 天在大鼠右后足足跖腱膜下注射稀释的马血清进行攻击。于不同时间测定肿胀程度，肿胀率高于空白对照组为建模成功。

4. Ⅳ型超敏反应动物模型

见第十一章中五、3. 迟发型变态反应。

三、有助于降低过敏反应功能评价指标及结果分析

1. 降低Ⅰ型过敏反应功能评价

（1）降低Ⅰ型过敏反应功能评价动物实验方案

降低Ⅰ型过敏反应保健食品的功能评价选择雄性 BALB/c 小鼠（7 周～8 周龄，18g～22g）作为实验动物，建模成功后按照体重和 IgE 分组，每组 12 只～15 只。

实验组灌胃给予受试保健食品 7 周～8 周。期间定期称量体重，监测实验动物一般状态。30d 后，采集血液，以血 IgE 和 PCA 实验为检测指标。

（2）评价指标的判定

血 IgE：与过敏反应模型组比较，实验组血 IgE 水平显著降低，可判定血 IgE 实验阳性。

PCA 实验：与过敏反应模型组比较，实验组 IgE 滴度显著增加，可判为 PCA 实验结果阳性。

有助于降低Ⅰ型过敏反应功能判定：保健食品经Ⅰ型过敏反应模型检验后，血 IgE 实验阳性或 PCA 实验阳性，即可判定该保健食品有助于降低Ⅰ过敏反应。

2. 降低Ⅱ、Ⅲ和Ⅳ型过敏反应功能评价

对于降低Ⅱ、Ⅲ和Ⅳ型过敏反应功能评价目前尚无统一标准，此处介绍的评价方法和指标仅作为评判参考。

（1）降低Ⅱ、Ⅲ和Ⅳ型过敏反应功能评价动物实验方案

降低Ⅱ型过敏反应功能：选用雄性豚鼠，按体重分组，分为实验组和空白对照组，每组 8 只～10 只，实验组给予不同剂量保健食品。实验时间为 30d，期间定期称量体重，监测实验动物一般状态。30d 后进行 Forssman 皮肤血管炎反应实验。

降低Ⅲ型过敏反应功能：选用雄性大鼠，按体重分组，分为实验组和空白对照组，每组 12 只～15 只。实验组给予不同剂量保健食品，实验时长为 30d。实验结束后进行 Arthus 反应实验。

降低Ⅳ型过敏反应功能：选用雄性 BALB/c 小鼠，按体重分组。实验组灌胃不同剂量保健食品，共 30d。实验结束后进行 DTH 反应实验。

（2）评价指标的判定

Forssman 皮肤血管炎反应实验：与空白对照组比较，实验组蓝色渗出局部直径或蓝斑

部位组织的 OD 值显著减小，则可判定 Forssman 皮肤血管炎反应阳性。

Arthus 反应实验：与空白对照组比较，实验组足跖肿胀程度显著降低或白色沉淀环显著降低，则可判为 Arthus 反应结果阳性。

DTH 反应实验：与空白对照组比较，实验组动物足跖增厚或耳朵肿胀显著降低，即DTH 值显著降低，则可判定 DTH 实验结果阳性。

有助于降低过敏反应功能判定：Forssman 皮肤血管炎反应阳性可判定该保健食品有助于降低 Ⅱ 型过敏反应。Arthus 反应结果阳性则可判定该保健食品有助于降低 Ⅲ 型过敏反应。迟发型过敏反应实验结果阳性则可判定该保健食品有助于降低 Ⅳ 型过敏反应。

四、评价指标测定原理和实验方法

1. IgE 含量的测定

【测定原理】 应用双抗体夹心 ELISA 法测定标本中小鼠免疫球蛋白 IgE 水平。用纯化的抗小鼠 IgE 抗体包被微孔板，制成固相抗体；加入待测样本（如含小鼠 IgE 的血清），再与 HRP 标记的羊抗小鼠抗体结合，形成抗体 – 抗原 – 酶标抗体复合物；充分的洗涤使得固相载体上的抗原抗体复合物与其他物质分开，并且结合的酶量与样本中 IgE 的量成一定的比例；加入底物 TMB（3，3′，5，5′– Tetramethylbenzidine），TMB 在 HRP 酶的催化会产生可溶性蓝色产物，并在酸的终止作用下转化成稳定的黄色。颜色的深浅和样品中的 IgE 呈正相关。因此可以根据颜色反应的深浅定性或定量分析 IgE 的含量。由于酶的催化频率很高，可极大地放大反应效果，从而使测定方法达到很高的敏感度。

【仪器和试剂】 仪器和耗材为酶标仪、移液枪、一次性吸头、96 孔板、单克隆 IgE 抗体包被的微孔板。试剂为 HRP 酶联抗 IgE 抗体、参照标准品、TMB 试剂、终止液。

【实验步骤】

① 使用前将所有试剂平衡至室温。

② 精确稀释参照标准品若干浓度。

③ 测定血清制备：血液样品室温放置 30min，3000r/min 离心 15min，取出上清即血清，备用。

④ 取出单克隆抗小鼠 IgE 的抗体包被的微孔板，依次加入标准品和待测定血清，并设调零对照孔，轻轻混匀，用胶带密封微孔板，室温孵育 2h。

⑤ 弃去微孔板内液体，在吸水纸上拍干，加入洗涤液 400uL/孔，轻轻晃动，弃去洗涤液，反复洗涤 5 次，在吸水纸上拍干。

⑥ 加入 HRP 酶联抗 IgE 抗体 100uL/孔，室温孵育 2h。

⑦ 按第⑤步洗涤 5 次，在吸水纸上拍干。

⑧ 加反应底物 TMB 试剂 100uL/孔，室温孵育 30min（此步需要避光）。

⑨ 加入终止液 100uL/孔，混匀，则孔内颜色由蓝色变为黄色。

⑩ 30min 之内在酶标仪测定吸光度值，设定波长 450nm，矫正波长 540nm 或 570nm。

【结果计算】 标准、对照组和实验组的吸光度值减去调零孔吸光度值，取两个平行孔的均值。将所得数据输入 EXCEL，按照横坐标为标准品浓度，纵坐标为吸光度值作标准曲线，$R^2 > 0.90$。以标准曲线计算对照和样品的 IgE 浓度。如果样品进行了稀释，则最后浓度的计算需要乘以稀释倍数。

结果判定：实验组 IgE 浓度显著低于模型对照组则可判为血 IgE 实验结果阳性。

【注意事项】

① 收集样本时尽量避免溶血。

② 血清标本的制备：非抗凝自然凝固 1h～2h，3000r/min 离心 15min。

③ 血浆标本的制备：使用含有抗凝剂的采血管采血，颠倒混匀放置一段时间后，以 3000r/min 离心 15min。

④ 标本宜在新鲜时检测。若 5d 内检测，可使用冰箱 2℃～8℃保存，超过一周时间测定，应于 -20℃低温冻存。

⑤ 反复冻溶会使抗体效价降低，所以测抗体的血清标本如需保存做多次检测，宜少量分装冻存。

⑥ 标准品和血清样品加样时要换移液器枪头，以避免交叉污染。

2. 被动皮肤过敏试验（PCA 试验）

【测定原理】将致敏动物的血清（内含丰富的 IgE 抗体）皮内注射于正常动物。IgE 与皮肤肥大细胞的特异受体结合，使之被动致敏。当致敏抗原激发时，引起局部肥大细胞释放过敏介质，从而使局部血管的通透性增加，注入染料可渗出于皮丘，形成蓝斑。根据蓝斑范围判定过敏反应程度。

【实验试剂】卵清蛋白（Ovalbumin，OVA）、氢氧化铝 [Al(OH)$_3$]、0.5%～1.0% Evan's 蓝。

【实验步骤】

① 抗血清制备：所有实验 BALB/c 小鼠腹腔注射 OVA 抗原，隔日一次，共 3 次～5 次。末次致敏后 10d～14d 采血，2000r/min 离心 10min，分离血清，-20℃保存，2 周内备用。

② 被动致敏：抗血清应根据反应特点决定稀释倍数，一般用生理盐水稀释成 1:2、1:4、1:8、1:16 或 1:32 等。6 周龄 BALB/c 小鼠，腹部剃毛，皮内分别注射不同实验组小鼠倍比稀释混合血清 50μL。

③ 激发：被动致敏后 24h～48h 后，内眦静脉注射 100μL 0.5%～1.0% Evan's 蓝后，立刻皮内注射相应 4mg/mL 致敏原 50μL。

④ 30min 后处死，剪取背部皮肤，测量皮肤内层相应注射点蓝染直径。

【结果测定】不规则斑点的直径为长径与短径之和的一半，大于 3mm 为 PCA 阳性，得到阳性结果的最大稀释度为特异性 IgE 滴度。

结果判定：实验组 IgE 滴度大于对照组则可判为 PCA 实验结果阳性。

【注意事项】

① 由于不同种属动物接受含 IgE 抗体血清后，至能够应答抗原攻击产生过敏反应的时间不同，因此需注意激发时间选择的合理性。

② 致敏剂量是按临床换算的，不同动物进行实验时被动致敏和激发剂量均需要实验摸索。

3. Forssman 皮肤血管炎反应

【测定原理】经绵羊红细胞（SRBC）免疫动物的淋巴细胞可产生抗 SRBC 抗体（溶血素）。将这种抗体注射于正常豚鼠的皮内组织，在补体的参与下，可引起皮肤血管炎，使血管通透性增加。在有局部炎症后，静脉注射伊文思蓝，用直径测定法或比色测定法测量染料渗出量的多少，可观察药物对皮肤血管炎反应程度的影响。此法可用于抗 II 型变态反应药物的筛选。

【仪器和试剂】SRBC、依文思蓝（Evans blue）、酶标仪。

【实验步骤】

① 抗血清的制备：SRBC 免疫家兔获得抗 SRBC 抗体，即溶血素。

② 实验结束后，于豚鼠背部注射 1 : 4 和 1 : 8 的兔抗羊红细胞血清 0.1mL，每个稀释度注射两点。

③ 静脉注射 0.5% Evens 蓝溶液 1mL/只。

④ 1h 后处死动物，测量各点蓝斑面积；剪下背部各点皮肤，剪碎，置于定量染料提取液（NS : 丙酮 = 3 : 7）中放置 48h，取上清液于分光光度计 600nm 处比色测定吸光度值。

【结果计算】样品组的渗出局部直径或蓝斑部位组织的吸光度低于对照组则可判定 Forssman 皮肤血管炎反应阳性。

4. 主动 Arthus 反应

【测定原理】反复注射异种血清刺激机体产生大量抗体，当再次注射相同抗原时，由于抗原不断由皮下向血管内渗透，血流中相应的抗体由血管壁向外弥散，两者相遇于血管壁，形成沉淀性的免疫复合物，沉积于小静脉血管壁基底膜上，导致坏死性血管炎甚至溃疡。

一定浓度分子量 6000 道尔顿~8000 道尔顿的聚乙二醇（PEG），能沉淀免疫复合物，但不能沉淀正常球蛋白，沉淀的免疫复合物可用放射免疫法或用分光光度计测定其含量。

【仪器和试剂】弗氏完全佐剂、马血清。试剂配制如下：

① 0.1mol/L 硼酸盐缓冲液：称取硼砂 0.64g，硼酸 0.51g 溶解于 100mL 蒸馏水中，pH 值为 8.4。

② 6% PEG：取 6gPEG（MW6000），溶于 100mL 硼酸盐缓冲液中。

③ 氯化铯溶液：称取 CsCl 1g，溶解于 14mL 蒸馏水中。

还需热凝聚 IgG、试验血清、毛细沉淀管（$\phi 3mm \times 60mm$）等。

【实验步骤】

① 将弗氏完全佐剂和马血清（1 : 1）乳化后给大鼠腹腔注射，使之致敏。于第 14d 背部皮下再次注射上述乳化剂，使之第 2 次致敏。第 21d 在大鼠右后足足跖腱膜下注射稀释的马血清进行攻击。

② 于不同时间测定肿胀程度，并采血测定血清免疫复合物。

③ 按聚乙二醇法测血清中免疫复合物的含量。

④ 取被检血清作 1：2、1：4、1：8、1：16、1：32 稀释，同时稀释热凝聚 IgG，并设缓冲液对照。

⑤ 各管加 6% PEG 溶液，混合，4℃过夜。

⑥ 取毛细沉淀管，各管加氯化铯溶液约 10μL，上层加各种稀释血清，3000r/min 离心 10min。

⑦ 取出，对着黑色背景观察，在两液交界，如出现白色沉淀环即为免疫复合物阳性。热凝聚 IgG 对照也应出现不同程度的沉淀环，缓冲液对照不出现环状沉淀。

结果判定： 实验组足跖肿胀程度显著低于对照组，白色沉淀环比模型对照组低则可判为 Arthus 反应结果阳性。

全部免疫复合物检测阳性对照，均可用热凝聚 IgG，热凝聚 IgG 制备方法如下：

① 取纯化 IgG 1g，溶解于 100mL 0.15mol/L 生理盐水中，室温放置 2h～3h。

② 放置 63℃水浴中加热 12min。

③ 分次（每次 1g）缓慢加入 Na_2SO_4 67g，4℃放置 1h。

④ 取出后，以 2000r/min 转速离心 20min。

⑤ 将沉淀物溶解在适当的缓冲液中（如 CFD 缓冲液、C1q 缓冲液等），并用相同的缓冲液透析一昼夜。最后稀释至含蛋白量约为 12mg/mL～15mg/mL，保存于 −20℃备用，用时将蛋白含量稀释至 1mg/mL。

5. 降低Ⅳ型过敏反应功能测定

迟发型过敏反应实验有两种方法，绵羊红细胞（SRBC）诱导小鼠 DTH（足跖增厚法）和二硝基氟苯诱导小鼠 DTH（耳肿胀法）都可用于降低Ⅳ型过敏反应功能测定，具体方法见第十一章中五、评价指标测定原理部分。

结果判定： 实验组迟发型过敏反应值低于对照组则 DTH 反应结果阳性。

第十三章　有助于改善睡眠功能

一、睡眠及失眠

1. 睡眠与觉醒

睡眠与**觉醒**是人体所处的两种不同状态，两者交替形成睡眠－觉醒周期。睡眠能使人的精力和体力得到恢复，还能增强免疫，促进生长和发育，增进学习和记忆能力，有助于情绪的稳定。因此，充足的睡眠对促进人体身心健康，保证人们充满活力地从事各种活动至关重要。睡眠是人类生存所必需，人的一生中大约有三分之一的时间是在睡眠中度过的。一般情况下，成年人每天需要睡眠 7h～9h，儿童则需要更多睡眠时间，新生儿需要 18h～20h，而老年人所需睡眠时间则减少。

2. 睡眠的分期和生理意义

睡眠时会出现周期性的快速眼球运动，可分为**非快眼动睡眠**（non－rapid eye movement，NREM sleep）和**快眼动睡眠**（rapid eye movement steep，REM sleep）两种状态。非快眼动睡眠期间脑电图呈高幅慢波，故也称慢波睡眠，而快动眼睡眠期间脑电图呈低幅快波，故也称快波睡眠。

NREM 睡眠阶段，视、听、嗅和触等感觉以及骨骼肌反射、循环、呼吸和交感神经活动等均随睡眠的加深而降低，且相当稳定，但此期腺垂体分泌生长激素明显增多，因而 NREM 有利于体力恢复和促进生长发育。快动眼睡眠期间脑内蛋白合成加快，脑的耗氧量和血流量增多，而生长激素分泌减少，此期与幼儿神经系统的成熟和建立新的突触联系密切有关，能促进学习与记忆以及精力恢复。睡眠由 NREM 睡眠和 REM 睡眠两个时期周期性交替进行，在整个睡眠过程中有 4 次～5 次交替。

3. 觉醒和睡眠的产生机制

人和动物脑内有许多部位和投射纤维参与觉醒和睡眠的调控，形成促觉醒和促睡眠两个系统，调节睡眠－觉醒周期和睡眠不同状态的相互转化。

（1）促觉醒系统

非特异性投射系统具有维持和改变大脑皮层兴奋状态的作用，它接受脑干网状结构的纤维投射。除此之外，大脑皮层感觉运动区、额叶、海马和下丘脑等多部位也有下行纤维到达网状结构并使之兴奋。脑干网状结构是一个由数量众多的神经元形成的多突触系统，其重要的兴奋性神经递质是谷氨酸，兴奋后可促使睡眠转为唤醒。巴比妥类麻醉药都是通过阻断谷氨酸而促进从觉醒转为麻醉睡眠状态。

（2）促睡眠系统

脑内存在多个促进 NREM 睡眠的部位，他们发出纤维投射到脑内多个与觉醒有关的部位，通过释放 γ - 氨基丁酸等神经递质，抑制促觉醒脑区活动，促进觉醒向睡眠转化，产生 NREM 睡眠。脑桥的胆碱能神经元是 REM 睡眠启动神经元，在脑蓝斑区存在 REM 睡眠关闭神经元，因此 REM 睡眠的发生和维持由这两种神经元相互作用而控制。

除此之外，脑内还存在多种调节觉醒和睡眠的内源性物质。如高水平的腺苷可促进 NREM 睡眠，前列腺素 D_2 可通过影响腺苷的释放而促进睡眠，生长激素可增强脑电慢波活动促进 NREM 睡眠。

4. 失眠

由各种原因引起睡眠和觉醒正常交替节律紊乱，造成睡眠质与量的异常以及睡眠中出现异常行为称为**睡眠障碍**。**失眠**（insomnia）是以难以入睡和睡眠维持困难为特征的一种最常见的睡眠障碍，常因睡眠质量和/或数量达不到人体的正常需求而影响其社会功能。失眠仅仅是临床症状，而非疾病。世界卫生组织的失眠定义（ICD－10）为：①有入睡困难、维持睡眠障碍或睡眠后没有恢复感；②至少每周 3 次并持续至少 1 个月睡眠障碍导致明显的不适或影响了日常生活；③没有神经系统疾病、系统疾病、使用精神药物或其他药物等因素导致失眠。

根据发病原因可将失眠分为**原发性失眠**（Primary Insomnia）和**继发性失眠**（Secondary Insomnia）。由心理的、生理的或环境的因素引起的失眠，称为继发性失眠。常见的有躯体疼痛性疾病、焦虑症、抑郁症、恐惧症，某些药物及食物的应用、心肺功能不全及不安腿综合症和睡眠中周期性下肢动作等，均可导致失眠的发生。通常缺少明确病因，或在排除可能引起失眠的病因后仍遗留失眠症状可考虑为原发性失眠。

临床上**失眠的诊断标准**：①入睡困难，即就寝后 30min 不能入睡；②维持睡眠困难，即夜间醒转 2 次或 2 次以上；③总睡眠时间 <6h；④多梦尤其噩梦频频，醒后不解疲劳。

按表现形式不同，失眠可分为入睡性失眠、睡眠维持性失眠和早醒性失眠。而按失眠时间的长短可分一过性失眠（偶尔失眠）、短期失眠（失眠持续时间少于 3 周）和长期失眠（失眠持续时间超过 3 周）。

据统计，我国现约有 3 亿成年人患有失眠等睡眠障碍，且主要分布在中国经济相对发达地区。睡眠不足会直接影响日间的工作与学习，精神萎靡，疲惫无力，情绪不稳，注意力不集中。而长期失眠危害可能更大，易引发焦虑症、植物神经功能失调、人际关系紧张、孤独感和挫败感等。因此对失眠等睡眠障碍应引起应有的重视，有助于改善睡眠功能的保健食品也有巨大的市场潜力和社会价值。

二、有助于改善睡眠功能评价指标及结果分析

1. 有助于改善睡眠保健功能的动物实验方案

对于有助于改善睡眠功能的保健食品进行动物实验检验，通产选用成年小鼠，单一性

别，18g～22g，每组 10 只～15 只。实验设三个剂量组和一个阴性对照组，以人体推荐量的 10 倍为其中一个剂量组，另设二个剂量组，必要时设阳性对照组。

受试样品给予时间 30d，必要时可延长至 45d。期间定期称量体重，监测实验动物一般状态。实验结束后需进行直接睡眠实验、延长戊巴比妥钠睡眠时间实验、戊巴比妥钠（或巴比妥钠）阈下剂量催眠实验和巴比妥钠睡眠潜伏期实验。

2. 评价指标的判定

（1）直接睡眠实验

与对照组比较，实验组入睡动物数和睡眠时间显著增加，则实验结果阳性；入睡动物数和睡眠时间无明显变化，则直接睡眠实验阴性。

（2）延长戊巴比妥钠睡眠时间实验

与对照组比较，实验组睡眠时间延长有显著性差异，则实验结果阳性。

（3）戊巴比妥钠（或巴比妥钠）阈下剂量催眠实验

与对照组比较，实验组入睡动物发生率显著性增加，则实验结果阳性。

（4）巴比妥钠睡眠潜伏期实验

与对照组比较，实验组睡眠潜伏期显著缩短，则实验结果阳性。

（5）有助于改善睡眠功能判定

延长戊巴比妥钠睡眠时间实验、戊巴比妥钠（或巴比妥钠）阈下剂量催眠实验和巴比妥钠睡眠潜伏期实验三项实验中任二项阳性，且直接睡眠实验阴性，可判定该受试样品改善睡眠功能动物实验结果阳性。

三、评价指标实验原理和方法

1. 直接睡眠实验

设定好三个受试样品剂量，灌胃给予实验组小鼠，对照组给予等体积溶剂。观察小鼠表现的睡眠情况。以翻正反射消失即可认为进入睡眠。

【指标判定】

翻正反射：当小鼠被置为背卧位时，能立即翻正身位。如超过 0.5min～1min 不能翻正，可认为翻正反射消失，即进入睡眠；翻正反射恢复即为动物觉醒。

睡眠时间：翻正反射消失至恢复这段时间为动物睡眠时间。

记录对照组与实验组**入睡动物数**及**睡眠时间**。

直接睡眠实验判定：与对照组比较，实验组入睡动物数及睡眠时间显著增加，则实验结果阳性；入睡动物数和睡眠时间无明显变化，则直接睡眠实验阴性。

2. 延长戊巴比妥钠睡眠时间实验

【实验原理】戊巴比妥钠为中枢抑制剂，随剂量由小到大，相继出现镇静、催眠、抗惊厥和麻醉作用。在戊巴比妥钠催眠的基础上，观察受试保健食品是否能延长睡眠时间，以验证该保健食品与戊巴比妥钠有协同作用。

【实验试剂】戊巴比妥钠，用前新鲜配制。

【实验步骤】

① 做正式实验前先进行预试验，确定使动物 100% 入睡，但又不使睡眠时间过长的戊巴比妥钠剂量（30mg/kg～60mg/kg），用此剂量正式实验。

② 动物末次给予溶剂及不同浓度受试样品 15min 后，给各组动物腹腔注射戊巴比妥钠，注射量为 0.1mL/10g，以小鼠翻正反射消失为睡眠指标，观察受试样品能否延长戊巴比妥钠睡眠时间。

【指标评判】翻正反射和睡眠时间操作和判定同"直接睡眠实验"部分。

延长戊巴比妥钠睡眠时间实验判定：与对照组比较，实验组睡眠时间显著延长，则实验结果阳性。

3. 戊巴比妥钠（或巴比妥钠）阈下剂量催眠实验

【实验原理】观察受试物与戊巴比妥钠（或巴比妥钠）的协同作用。由于戊巴比妥钠通过肝酶代谢，而对该酶有抑制作用的药物，也能延长戊巴比妥钠睡眠时间，所以为排除这种影响，应进行阈下剂量实验。

【实验试剂】戊巴比妥钠，用前新鲜配制。

【实验步骤】

① 正式实验前先进行预实验，确定戊巴比妥钠（或巴比妥钠）阈下催眠剂量（戊巴比妥钠 16mg/kg～30mg/kg 或巴比妥钠 100mg/kg～150mg/kg），即 80%～90% 小鼠翻正反射不消失的戊巴比妥钠最大剂量。

② 动物末次给予溶剂及不同剂量受试样品 15min 后，各组动物腹腔注射戊巴比妥钠最大阈下催眠剂量，记录 30min 内入睡动物数。实验宜在 24℃～25℃ 安静环境下进行。

【指标评判】翻正反射判定同"直接睡眠实验"部分。

睡眠：翻正反射消失达 1min 以上者。

戊巴比妥钠（或巴比妥钠）阈下剂量催眠实验判定：与对照组比较，实验组入睡动物发生率显著增加，则实验结果阳性。

4. 巴比妥钠睡眠潜伏期实验

【实验原理】巴比妥钠为中枢抑制剂，随剂量由小到大，相继出现镇静、催眠、抗惊厥和麻醉作用。在巴比妥钠睡眠的基础上，观察保健食品受试物是否能缩短入睡潜伏期，验证该保健食品与巴比妥钠是否有协同作用。

【实验试剂】巴比妥钠，用前新鲜配制。

【实验步骤】

① 做正式实验前先进行预试验，确定使动物 100% 入睡，但又不使睡眠时间过长的巴比妥钠剂量（200mg/kg～300mg/kg），用此剂量进行正式实验。

② 动物末次给予溶剂及不同剂量受试样品 10min～20min 后，各组动物腹腔注射巴比妥钠，注射量为 0.2mL/20g，以翻正反射消失为睡眠指标，记录睡眠潜伏期。观察受试样

品对巴比妥钠睡眠潜伏期的影响。

【指标评判】 翻正反射和睡眠判定同"戊巴比妥钠（或巴比妥钠）阈下剂量催眠实验"部分。

睡眠潜伏期：小鼠从注射巴比妥钠到进入睡眠所需时间。

巴比妥钠睡眠潜伏期实验判定：与对照组比较，实验组睡眠潜伏期显著缩短，则实验结果阳性。

【注意事项】

① 所有睡眠相关实验都需要维持实验环境安静、恒温（室温24℃～25℃）、恒湿，以确保条件的恒定。

② 实验动物自身固有的生物特征和习性，对受试保健食品存在种属、性别和年龄等方面的反应差异。一般来说，鼠类夜间比白天活跃，雌性比雄性更明显，年龄大的动物中枢神经反应不敏感。这类实验应尽量安排在夜间同一时间进行。

③ 实验时应使动物在检测室适应数分钟后再进行检测，实验组和对照组交叉进行检测。

第十四章　有助于改善记忆功能

一、学习和记忆

1. 学习和记忆

学习和记忆是所有认知功能的基础，是神经系统具有的基本功能之一。**学习**（learning）是指人和动物从外界环境获取新信息的过程，**记忆**（memory）指大脑将获取的信息进行编码、存储及提取的过程。老龄化是当年社会面临的巨大问题。大脑衰老或者心脑血管疾病后遗症的主要表现之一即为学习记忆障碍，这严重影响生活质量和工作效率。因此改善记忆功能也成为了功能食品重要的领域。

学习是一种生物个体行为，是所有生物个体都具有的能力，是个体借助于其生活经历和经验使自身的行为发生适应性变化的过程。是在生物个体发育过程中获得的，并且生物体越高级学习行为越复杂。学习可分为**非联合型学习**和**联合型学习**，人类的学习多属于联合型学习。

非联合型学习即简单学习，包括习惯化和敏感化两种形式。**习惯化**是指当一个不产生伤害性效应的刺激重复出现时，机体对该刺激的反射反应逐渐减弱的过程。通过习惯化，动物和人类学会忽视那些已经丧失了新奇性或无意义的刺激，而将注意力转向更重要的刺激。**敏感化**是指因经验而提高敏感度，即反射反应加强的过程。例如，一个弱的伤害性刺激可引起弱的收缩反应，但在强的痛刺激之后，弱刺激引起的反应明显增强。强刺激和弱刺激之间不需要建立什么联系。在时间上也并不要求两者的结合。敏感化是比习惯化更为复杂的学习形式：它是强或有害刺激出现造成的动物反射增强的结果。与习惯化相比，敏感化引起动物对大量刺激产生注意，甚至对以前的无害刺激反应也加强，这是因为这些刺激有可能带来疼痛或危险的结果。

联合型学习包括**经典条件反射**和**操作式条件反射**。最著名的经典条件反射即巴普洛夫反射。给狗喂食会引起唾液分泌，为非条件反射；给狗铃声刺激则不会引起唾液分泌，铃声与唾液分泌为无关刺激；但每次给够喂食前都先出现铃声，然后再给食物，两者多次结合后，单独给予狗铃声刺激也会分泌唾液。这样铃声和唾液分泌从无关刺激转变为条件刺激，这是经后天学习而建立的。操作式条件反射最经典的试验就是趋向性条件反射和回避性条件反射。比如常见的杂技表演中，以得到食物或水作为奖赏而建立条件反射，是一种趋向性条件反射；反之，以伤害性刺激作为惩罚而形成抑制性条件反射为回避性条件反射。

非联合型学习一般是指个体重复暴露于某种类型的刺激，从而学习了刺激的属性，在行为上没有在刺激和机体反应之间形成新的联系，只是改变了反应的特征。而联合型学习是个体重复暴露在多种刺激与反应下，使得机体学习了刺激间或与反应间的关系。但是无论哪种形式，学习均依赖于个体的生活经验，可以长期保持。

记忆可以分为陈述性记忆和非陈述性记忆。陈述性记忆是对一些事实或事件的记忆，如人名或 2008 年北京举办第 28 届奥林匹克运动会。这些内容需要大脑进行有意识的回忆，因为无法表现出来，也被称为内隐记忆，从而相对容易发生遗忘。非陈述性记忆又称为程序性记忆，它来源于个体的直接经历，例如我们学会骑车。因为无法用语言表达，但可以通过骑车这一行为展示出来，从而又被称为外显记忆，不容易发生遗忘。另一方面，记忆按照保留时间的长短可将记忆分为**短时程记忆**和**长时程记忆**。**短时程记忆**（short - term memory）中记忆保存时间短，仅几秒到几分钟，容易受干扰，不稳定，记忆容量有限。**长时程记忆**（long - term memory）中记忆保留时间长，可持续几个小时，几天或几年。有些记忆甚至可以保持终生，称为永久记忆（remote memory）。如视觉的影像瞬时记忆即为短时程记忆。有证据显示，短时程记忆经反复运用和强化转化为长时程记忆转化，或直接遗忘。另有证据显示强刺激可直接固定形成长时程记忆。长时程记忆的形成是在海马和其他脑区内对信息进行分级加工处理的动态过程。

2. 记忆和遗忘

人类的记忆是非常复杂的过程，可以细分为四个阶段（见图 14 - 1），即感觉性记忆、第一级记忆、第二级记忆和第三级记忆。前两个阶段相当于短时程记忆，后两个阶段相当于长时程记忆。在记忆形成过程中，大脑中储存的大量信息大部分被遗忘了，只有少部分信息能被保留在记忆中。从学习记忆之初遗忘就已经开始，尤其是记忆的前两个阶段遗忘速率很快，以后逐渐减慢。产生遗忘的主要原因是条件刺激不强化而引起反射的消退；另一个原因是信息的干扰。

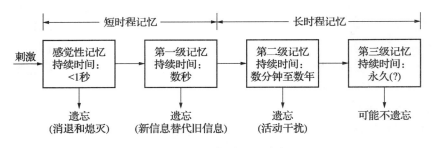

图 14 - 1　记忆过程和遗忘

脑自然衰老最早出现的症状就是记忆功能减退，主要表现为新近记忆和短时记忆障碍，对学习新事物感到困难，但对早年经历的记忆却保持完好，也称为顺行性遗忘。还有一些脑的疾患也会引起记忆障碍，称为遗忘症。比如有些遗忘症患者（如脑震荡、点击等）不能回忆发生记忆障碍之前一段时间的经历，但仍可形成新的记忆，也称为逆行性遗忘。

按照信息论又将记忆划分为记忆获得（即学习过程、信息获得过程）、记忆巩固（信息的保持过程）和记忆再现（信息的提取过程）。可以据此来筛选作用于不同记忆阶段的认知药物或活性物质。

3. 学习和记忆的机制

学习和记忆在脑内有一定的功能定位。目前已知大脑有多个脑区参与了学习和记忆的过程，包括大脑皮层联络区、海马及其邻近结构、杏仁核、丘脑及脑干网状结构等。纹状体参与某些操作技巧即程序性记忆的学习，而小脑则参与运动机能的学习。前额叶协调短期记忆的形成，加工后的信息转移至海马，海马在长时程记忆的形成中起十分重要的作用，海马受损则短时程记忆不能转变为长时程记忆。内侧颞叶接受来自大脑皮层联络区的输入信息，这些信息含有来自所有感觉模式的精加工的信息。因此，一种推测是，内侧颞叶结构将记忆引入皮层加以巩固，并且在此过程中进行必要的中间坚固阶段。也就是说记忆可能先暂时存储于内侧颞叶的皮层，最后再转入新皮层以便永久保存。这些脑区往往相互密切联系，同时活动、共同参与学习和记忆过程。

神经系统内神经元之间的联系结构即为突触。在突触结构内，前一个神经元释放神经递质作用于下一个神经元的相应受体或通道蛋白，从而改变突触后神经元的功能状态。突触具有可塑性，这是学习和记忆的生理学基础。突触结构可塑性改变包括比如新突触形成、已有突触体积改变等。突触生理功能的改变包括突触通道敏感性的变化、受体数目的变化等。而突触的这些变化均可引起其传递效能的改变。突触结构和生理功能的可塑性变化维持时间可长可短，分短时程改变和长时程改变，这些均被认为是各种形式的学习和记忆形成的物质基础。持久性记忆还可能与脑内新的突触建立有关。

另外从生物化学角度来看，蛋白质的合成是长时间学习记忆过程中必不可少的物质基础。学习和记忆也与脑内某些神经递质含量的变化有关，例如，乙酰胆碱、去甲肾上腺素、谷氨酸和γ-氨基丁酸（简称GABA）等。

二、学习记忆障碍及其动物模型制备

1. 学习记忆障碍

随着全球社会老龄化、环境恶化和生活压力增加，各种伴有学习记忆障碍症状的神经性疾病发病率也越来越高，如阿尔茨海默病、血管性痴呆、抑郁症等。并且随着年龄增加，脑自然衰老也会造成学习记忆能力减退。我国60岁以上老年人群患阿尔茨海默病高达5%，80岁以上人群患病高达20%。现有600多万老年痴呆患者，且每年有30万新发病例。而这些病例多发均造成的是顺行性遗忘，产生的学习记忆障碍严重影响患者的生活质量，造成了巨大的家庭负担和社会负担。因此研究伴有学习记忆障碍疾病的发病机制，开发预防和缓解这些疾病的药物和功能食品也就显得极为迫切。

2. 行为学检测指标

实验室多采取动物实验的行为学检测方法来评估学习和记忆能力。动物行为学方法可以观察研究对象的行为学变化、学习记忆的能力及变化，从整体上评估研究对象的学习记忆情况。

在动物行为研究分析系统中，常采用的方法为 Morris 水迷宫实验、跳台实验、穿梭箱实验和避暗实验等，其中水迷宫通常用于研究动物的空间学习记忆，而跳台实验、穿梭箱实验多属于操作式条件反射，同时可观察主动回避（active avoidance）和被动回避（passive avoidance）反应。

主动回避和被动回避实验是利用动物的好暗恶光（明暗穿梭）、对厌恶刺激（如足电击）的恐惧和记忆而建立起来的。所用的刺激为温和的足电击，发生的反应是动物逃避曾经受到电击刺激的地方。根据动物的逃避方式分为主动回避和被动回避。前者要求动物主动从有厌恶刺激的箱中逃离；后者则要求动物遏制自己而不进入有厌恶刺激的箱。常用于测定主动回避反应的实验有穿梭箱实验，水迷宫实验和 Morris 水迷宫实验，测定被动回避反应的实验包括跳台实验和避暗实验。采用任意一种实验方法，完整的实验程序包括动物适应（记忆获得）－训练（记忆巩固）－24h 后正式测试（记忆再现）－重测（不给予厌恶刺激）进行。在训练前、后或重测前给予待测活性物质或药物，可分别观察该物质对记忆不同阶段的影响。在这些试验中，通常选用回避反应的潜伏期、正确回避的延迟时间、错误操作次数、正确回避动物数等。

3. 学习记忆障碍动物模型

构建学习记忆障碍的动物模型是研发改善记忆功能食品的重要基础。按照发病机制大致可将学习记忆障碍病因分为以下几种：脑外伤、阿尔茨海默病、脑缺血缺氧、衰老、心理异常所致大脑皮层萎缩。

根据记忆损伤不同，学习记忆障碍的动物模型分为记忆获得障碍模型、记忆巩固障碍模型和记忆再现障碍模型三种。此处简要总结这三种学习记忆障碍动物模型的构建方法。模型评价方法可采用主动回避试验和被动回避试验中的任意一种实验方法，以下仅介绍避暗实验的模型评价。

（1）记忆获得障碍动物模型

东莨菪碱和樟柳碱是一种非选择性 M 胆碱能受体抑制剂，对大脑皮层和海马胆碱能系统突触后膜的受体起阻断作用，并能改变受体蛋白的构型，从而对记忆获得产生阻抑效应，训练前给予，可造成动物记忆获得障碍。

【操作步骤】 实验动物于训练前 10min～20min 腹腔注射樟柳碱或东莨菪碱 5mg/kg，对照组动物注射等体积生理盐水。

【模型评价】 注射樟柳碱或东莨菪碱后 24h，进行避暗实验测定，记录避暗潜伏期和 5min 内错误次数。

评价指标和标准：与训练前比较，避暗潜伏期缩短或者错误次数增多，即可认为记忆获得障碍模型构建成功。

【注意事项】 实验前将避暗潜伏期大于 180s 的小鼠弃去不用。

（2）记忆巩固障碍动物模型

神经生物学分子机制证实，脑内蛋白质、RNA 等大分子物质是大脑记忆功能的物质基础，也与记忆巩固密切相关。新合成的蛋白质使大脑新获得的经验长期贮存。环己酰亚胺（Cycloheximide）为蛋白质合成抑制剂，可阻止脑内新蛋白合成，从而造成动物记忆障碍。

【操作步骤】 实验动物训练结束后10min腹腔注射环己酰亚胺120mg/kg。

【模型评价】 注射环己酰亚胺后24h，测试避暗潜伏期和5min内错误次数。

评价指标和标准：与对照组比较，避暗潜伏期缩短或者错误次数增多，即可认为记忆获得障碍模型构建成功。

（3）记忆再现障碍动物模型

① 乙醇诱导的记忆再现障碍动物模型

乙醇为中枢神经抑制剂，会造成中枢神经系统中的细胞产生毒性反应。乙醇可通过影响注意力、自控功能、情绪等来诱发学习记忆障碍。在再测试前30min给予低浓度乙醇，可明显破坏记忆过程，造成学习记忆再现障碍。

【操作步骤】 实验动物进行避暗实验适应和训练5d。动物训练达到标准24h后进行测试，再测试前30min灌胃30%的乙醇10mL/kg。对照组灌胃等量生理盐水。

【模型评价】 再测可以在不同的时间进行一次或多次记忆消退实验（即记忆再现过程），记录避暗潜伏期和错误次数。

评价指标和标准：与对照组比较，避暗潜伏期缩短或者错误次数增多，即可认为记忆再现障碍模型构建成功。

② D-半乳糖诱导的记忆再现障碍动物模型

D-半乳糖可引起糖代谢紊乱而导致脑细胞受损。给予D-半乳糖可致海马神经元突触长时程（LTP）增幅和持续时间均减少；同时可使突触间隙增加，从而神经递质到达突触后膜的时间延长，这些改变可能是导致空间学习记忆行为障碍的基础。

【操作步骤】 4周内每天皮下注射给予实验动物120mg/kg的D-半乳糖可构建学习记忆障碍模型。对照组给予等体积生理盐水。

【模型评价】 避暗实验训练后24h测试，记录实验动物进入暗室的避暗潜伏期和5min进入暗室的次数为错误次数。

评价指标和标准：与对照组比较，避暗潜伏期缩短或者错误次数增多，即可认为记忆再现障碍模型构建成功。

三、有助于改善记忆功能评价指标及结果分析

1. 有助于改善记忆功能评价动物实验方案

有助于改善记忆功能评价动物实验方案分为正常动物实验方案和学习记忆障碍模型动物实验方案两种，可任选其一进行。无论哪种方案，实验动物推荐使用近交系小鼠，如C57BL/6J、BALB/c等。断乳鼠或成年鼠6周～8周龄（18g～22g，BALB/c种可16g～18g）。用于改善老年人记忆的产品必须采用成年鼠。单一性别，雌雄均可，每组10只～15只。

（1）正常动物实验方案

小鼠按体重分为 3 个实验组，并设空白对照组，必要时设阳性对照组。受试样品给予时间 30d，必要时可延长至 45d。期间定期称量体重，监测实验动物一般状态。末次给受试样品后次日（或一次给样后 1h）开始训练，需在主动回避实验和被动回避实验中各选至少一种实验方法，按照各实验方法的要求测定学习记忆功能的指标变化。

（2）学习记忆障碍模型动物方案

小鼠按照体重分为实验组和模型对照组，必要时设空白对照或阳性对照。模型可根据需要选择一种或几种学习记忆障碍模型进行实验。受试样品给予 30d，必要时可延长至 45d。期间定期称量体重，检测动物一般状态。同正常动物实验方案一样，在末次给受试样品后次日（或一次给样后 1h），选择主动回避实验和被动回避实验中至少一种实验方法，开始训练，并进行学习记忆功能的指标测定。

2. 评价指标的判定

评价指标通过被动回避实验和主动回避实验判定。

被动回避实验有以下两种实验：

（1）跳台实验：受试样品组与对照组比较，潜伏期明显延长，错误次数或跳下平台的动物数明显少于对照组，且差异有显著性，可判定为该项指标阳性。以上三项指标中，任一阶段（记忆获得和记忆再现）的任一项指标阳性，均可判定该项实验阳性。

（2）避暗实验：受试样品组与对照组比较，小鼠进入暗室的潜伏期明显延长，5min内进入暗室的错误次数减少，或 5min 内进入暗室的动物数减少，且差异有显著性，可判定为该项指标阳性。以上三项指标中任一阶段（记忆获得和记忆再现）的任一项指标阳性，均可判定该项实验阳性。

主动回避实验有以下三种实验：

（1）穿梭箱实验：若实验组主动和/或被动回避时间明显短于对照组，或主动回避率低于对照组，且差异有显著性，可判定为该项指标阳性。以上三项指标中任一阶段（记忆获得和记忆再现）的任一项指标阳性，均可判定该项实验阳性。

（2）水迷宫实验：实验组与对照组比，实验组到达终点所用的时间或到达终点前的错误次数明显少于对照组，或 2min 内到达终点的动物数明显多于对照组，且经统计学检验差异有显著性，可判定为该项指标阳性。以上指标中任一阶段（记忆获得和记忆再现）的任一项指标阳性，均可判定该项实验阳性。

（3）Morris 水迷宫实验：实验组与对照组比较，逃避潜伏期、上台前游泳路程明显少于对照组，或 90s 内站上平台动物百分率、站台穿越次数、平台象限活动时间占总时间百分比、平台象限活动路程占总距离百分比明显多于对照组，且经统计学检验差异有显著性。以上任一指标阳性可判为该项实验阳性。

功能判定：被动回避试验（跳台实验、避暗实验）两项实验中任一项实验结果阳性，主动回避试验（穿梭箱、水迷宫、Morris 水迷宫实验）三项实验中任一项实验结果阳性，且重复实验结果一致（所重复的同一项实验两次结果均为阳性），可以判定该受试样品有助于改善记忆功能。

四、评价指标检测原理和实验方法

1. 跳台实验

【测定原理】 跳台实验装置（见图 14 – 2）为 30cm × 30cm × 30cm 的有机玻璃箱，底面是铜栅，间距为 0.18cm，可以通电。箱子一角置一高 5cm、直径 5cm 的橡胶平台。动物受到电击会跳上橡胶平台以避免伤害性刺激。多数动物可能再次或多次跳至铜栅上，受到电击又迅速跳回平台，如此训练 5min，并记录动物受到电击的次数叫错误次数，以此作为学习成绩。24h 后重作测验，此即记忆保持测验。停止训练数天后进行记忆消退实验。错误次数反应动物的学习记忆情况。一般情况下，动物在受到电击以后获得记忆，不会轻易从橡胶平台上跳到铜栅上，但如果记忆受损，橡胶平台跳到铜栅上的时间就会明显缩短。

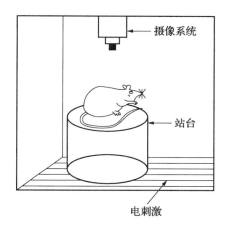

图 14 – 2　跳台实验装置示意图

【仪器与试剂】 仪器为跳台仪。试剂为东莨菪碱/樟柳碱、环已酰亚胺、乙醇、D – 半乳糖。

【实验步骤】

① 各组小鼠末次给予受试样品后次日，或一次给样后 1h，开始适应和训练。先将小鼠放入跳台仪反应箱内适应 3min，然后再将小鼠放至箱内铜栅处，立即通电（36V、0.3mA ~ 0.4mA）。

② 训练一次后，将小鼠放在箱内橡胶平台，记录其第 1 次跳下平台的潜伏期，5min 内跳下平台的错误次数，以此作为学习成绩。

③ 24h 后进行重测，再次将小鼠放至平台上，记录第 1 次跳下平台的潜伏期、3min 内的错误总数和受电击的动物数，同时计算出现错误反应的动物百分率（受电击的动物数占该组动物总数的百分率）。此实验步骤为记忆获得过程。

④ 停止训练 5d 后（包括第 5d）可以在不同的时间进行一次或多次记忆消退实验

（即记忆再现过程，方法同③再次进行判定）。

【结果计算】 错误反应的动物百分率按照下式计算：

$$错误反应的动物百分率（\%）= \frac{受电击的动物数}{该组动物总数} \times 100$$

【注意事项】

① 动物在 24h 内有其活动周期，不同时相处于不同的觉醒水平，故每次实验应选择同一时相（上午 8 时 ~ 12 时或下午 13 时 ~ 16 时）。

② 实验应在隔音，光强度、温度和湿度适宜且保持一致的行为实验室进行。

③ 推荐使用纯系动物，实验前数天将动物移至实验室以适应周围环境。

④ 实验者必须每天与动物接触，如喂水、喂食和抚摸动物。

⑤ 减少非特异性干扰，如情绪、注意、动机、觉醒、运动活动水平、应激和内分泌等因素。

⑥ 考虑动物种属差异。

⑦ 实验中应及时清除铜栅上的粪便等杂物，以免影响刺激鼠的电流强度。

2. 避暗试验

【实验原理】 利用小鼠或大鼠具有趋暗避明的习性设计的避暗实验装置，一半是暗室，一半是明室，中间有洞门相连。暗室底部铺有通电的铜栅。动物进入暗室受到电击而被迫逃回明室，并获得记忆，不会轻易再从明室进入暗室，但如果记忆受损，从明室进入暗室的时间（潜伏期）就会明显缩短，进入次数（错误次数）也会增加。

【仪器与试剂】 仪器为避暗仪。试剂为东莨菪碱/樟柳碱、环己酰亚胺、乙醇、D – 半乳糖。

【实验步骤】

① 各组实验动物末次给予受试样品后次日，或一次给样后 1h，开始适应和训练。

② 适应：首先将小鼠背向洞门放入明室，将明暗室之间的门打开，使小鼠很快进入暗室，即适应。训练：将小鼠放入明室，小鼠经洞门钻入暗室，此时立即关闭洞门，给予电击（电击强度为能引起动物退缩和发声的最小电流），动物在暗室内停留 10s，将动物放回笼内。训练 5min，记录 5min 内电击次数。

③ 测定：24h 后将再次将小鼠放入明室，记录其从明室进入暗室所需的时间，即潜伏期。同时记录 5min 内的电击次数和受电击的动物数，并计算 5min 内进入暗室（错误反应）的动物百分率。以上实验步骤为记忆获得过程。

④ 停止训练 5d 后（包括第 5d）可以在不同的时间进行一次或多次记忆消退实验（即记忆再现过程，方法同③再次进行测定）。

【结果计算】 错误反应的动物百分率，按照下式计算：

$$错误反应的动物百分率（\%）= \frac{受电击的动物数}{该组动物总数} \times 100$$

【注意事项】

① 根据需要设计反应箱的多少，同时训练多个动物，可实现组间平行操作。以潜伏

期作为指标，动物间的差异小于跳台法。

② 开始训练中，如果第 1 次时超过 100s 不进暗室，淘汰或把它赶进暗室。

③ 对记忆过程特别是对记忆再现有较高的敏感性。

④ 缺点是动物的回避性反应差异较大，因此需要检测大量的动物。如需减少差异或少用动物，可对动物进行预选或按学习成绩好坏分档次进行试验。

3. 穿梭箱实验

【实验原理】穿梭箱底部铺有可以通电的不锈钢棒组成格栅，箱底中央部有一绝缘隔板可将箱底分割为左右两侧，即安全区和电击区。实验箱顶部有光源或（和）蜂鸣音控制器，试验中以光（或声）和电击联合刺激，使实验动物由被动回避建立主动的条件反射。记录此条件反射建立过程中的主动回避反应指标可反应实验动物的学习、记忆能力的变化。

【仪器与试剂】仪器为穿梭箱。试剂为东莨菪碱/樟柳碱、环已酰亚胺、乙醇、D – 半乳糖。

【实验动物】实验动物可按常规使用近交系小鼠（要求见动物实验方案部分），也可用大鼠。Wistar 或 SD 大鼠，雄、雌均可，断乳鼠或成年鼠，用于改善老年人记忆的产品必须采用成年鼠。每组不少于 10 只。

【实验步骤】

① 各组实验动物末次给予受试样品后次日，或一次给予样品后 1h，开始适应和训练。

② 将大鼠放入箱内任何一侧，20s 后开始呈现灯光或蜂鸣音，持续 20s，后 10s 内同时给予电刺激（100V、0.2mA、50Hz、AC）。大鼠在遭电击后即逃避，必须跑到对侧顶端，挡住光电管后才可中断电击，此为被动回避反应；在每次电击前给予条件刺激，反复强化后，大鼠在接受条件刺激后即跳向对侧并挡住光电管而逃避电击，此为主动回避反应。每隔一天训练一回，每回 50 次，连续训练 4 回 ~ 5 回后，动物的主动回避反应率可达 80% ~ 90% 以上。记录动物反应次数，动物主动回避时间，动物被动回避时间，动物主动回避率这些指标。以上实验步骤为记忆获得过程。

③ 停止训练 5d ~ 50d 内，分 2 次 ~ 3 次测定其记忆消退情况（即记忆再现过程，操作同此实验步骤②）。

【结果计算】

主动回避率按照下式计算：

$$主动回避率（\%）= \frac{主动回避的动物数}{该组动物总数} \times 100$$

【注意事项】

① 保持实验室安静，光线不宜过强，尽量避免给动物额外刺激。

② 实验中应及时清除铜栅上的粪便等杂物，以免影响刺激鼠的电流强度。

③ 动物在 24h 内有其活动周期，故每次实验应选择同一时间（上午 8 时 ~ 12 时或下午 13 时 ~ 16 时），前后 2d 的实验要在同一时间内完成。

4. 水迷宫实验

【实验原理】 水迷宫实验装置由游泳箱和自动记录仪两部分组成。游泳箱由聚丙烯塑料制成，箱内实际是一个泳道，终点部位是一个楼梯，示意图见图 14 – 3，下面装有红外装置，动物从水中爬上楼梯时被红外线装置检测，测定结束。整个迷宫设立 5 个盲端，均有红外线装置检测，进行实验动物训练，测试从起点到达终点所需的时间（潜伏期）和进入盲端的次数（错误次数）。一般情况下，经过训练，70% ~80% 的动物均能在 2min 内顺利地从起点到达终点；但如果记忆受损，潜伏期就会明显延长，错误次数也会增加。

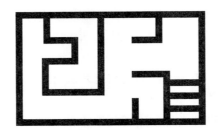

图 14 – 3　水迷宫泳道设计示意图

【仪器与试剂】

仪器为水迷宫自动记录仪。试剂为东莨菪碱/樟柳碱、环已酰亚胺、乙醇、D – 半乳糖。

【实验步骤】

① 各组实验动物末次给予受试样品后次日开始训练。训练期间继续给样，每天一次。

② 第一次训练前将小鼠放在梯子附近，使其自动爬上 3 次。以后每次训练前将小鼠放在梯子附近，背朝楼梯，使其自动爬上 1 次。实验分阶段进行，视动物学习成绩逐步加长路程。第一次训练时用一挡板在近处的 A 处挡死，从 A 处开始训练，记录从 A 点到达终点的时间。第二次训练加长路程，从稍远的 B 处开始，此路程约训练 3 次，至动物数 80% 以上在 2min 内达到终点后再延长路程，分别记录各鼠每次从 B 点达到终点所需的时间和发生错误的次数（进入任何一个盲端一次均算一次错误）。末次测试从起点进行，将小鼠放在起点，记录从起点到达终点所需的时间和发生错误的次数。每次训练时，对 2min 内未达到终点的小鼠，应引导其到达终点，从终点的楼梯上来，达到训练的目的。每次训练或测验时均将头朝起始点。最后计算各组动物 5 次训练和测试的总错误次数，达到终点的总时间及 2min 内达到终点的总动物数（百分率）。以上实验步骤为记忆获得过程。

③ 停止训练 5d 后可在不同的时间从起点进行消退实验（即记忆再现过程）。

【结果计算】 主动回避率按照下式计算：

$$2min 内到终点动物率（\%）= \frac{2min 内到终点的动物数}{该组动物总数} \times 100$$

【注意事项】

① 将小鼠训练时间限定为120s，在120s内未到达终点的小鼠均记为120s。

② 迷宫泳道水深9cm，水温约20℃（≥15℃）。

5. Morris 水迷宫实验

【实验原理】 Morris 水迷宫是最常用的学习记忆实验方法。实验装置为一个盛满不透明液体的圆形水池，水池分成东南西北四个区域，在其中一个区域中央的液面下隐藏着一个小平台，大小多为10cm×10cm，平台距液面1cm～2cm。水池中常用的不透明液体有牛奶或无毒的白色乳胶涂料或其他人工合成的不透明剂，水温一般在25℃左右。

实验一般分为定向航行实验和空间探索实验两个阶段。定向航行时把动物每次随机的从其中一个区域面朝池壁放入水池中，由于动物的求生本能，动物将在水池内游泳直到找到隐藏在水面下的平台为止。记录动物找到平台每次所花的时间、动物的游泳轨迹、游泳速度等。进行空间探索试验时，撤去平台，让动物在水池中自由游泳，记录动物在各象限中的时间及经过平台原先位置的次数。

【实验动物】 实验动物可按常规使用近交系小鼠（要求见动物实验方案部分），也可用大鼠。一般使用 Wistar 或 SD 大鼠，断乳鼠或成年鼠，用于改善老年人记忆的产品必须采用成年鼠。雄、雌均可，单一性别，每组不少于10只（最后有效数据）。

【仪器与试剂】 仪器为水迷宫自动记录仪。试剂为东莨菪碱/樟柳碱、环已酰亚胺、乙醇、D－半乳糖。

【实验步骤】

① 连续给予受试物后，实验前一天，大鼠自由游泳2min以熟悉环境，其间引导动物站上平台10s。次日开始训练，训练期间继续给样。

② 定位航行试验：用于测量实验动物对水迷宫学习和记忆获得的能力。训练天数依据动物的学习能力确定，通常为4d～9d。每完成4个象限的训练当做1个循环。动物每次从1个象限（应随机选择象限）的入水点入水，将动物面向池壁放入水中，记录动物寻找并爬上平台的路线图、动物从入水到找到水下隐蔽平台并站立其上所需时间（逃避潜伏期）及游泳总路程。如果动物在90s内未找到平台，则需将其引至平台，这时潜伏期以90s计，让动物在平台停留10s后，再放回笼中。训练直至80%～90%以上的动物在规定时间内找到平台或至少完成3个循环的试验，可终止试验。

③ 空间探索试验：定位航行试验结束5d后，将水下平台撤除，按照定位航行试验的方法重复1个循环（共4个象限）的试验。将动物从某一象限入水，测其第一次到达原平台位置的时间；记录90s内小鼠在各象限中的时间及经过平台原先位置的次数，并计算平台所在象限的距离、时间占总距离、总时间的百分比。用来反映动物对平台所在位置的空间记忆能力，以判断动物记忆储存及提取再现能力。

【注意事项】

① 象限选择和各实验组动物训练顺序应随机确定或交叉进行。

② 水迷宫水池应配有良好的注水和排水设备，水池的位置一旦确定，就不要轻易变

动，尤其在同一轮水迷宫的测试中。

③ 实验室内的环境和实验者的位置都可作为大鼠搜索目标时的参照物，因此，实验室内设备和实验者的位置应相对固定。

④水迷宫实验室应当保持安静，光线柔和而均匀。

第十五章　有助于增加骨密度功能

一、骨的结构和代谢

骨（bone）是机体体内最坚硬的组织器官，发挥支撑机体、保护内脏器官和完成机体运动等功能。

1. 骨的结构

骨的基本结构由骨膜、骨质和骨髓三部分构成。

骨膜由纤维结缔组织构成，其中含有丰富的血管和神经，对骨组织有营养和支持作用。**骨质**分骨密质和骨松质两种。骨密质质地致密，抗压抗扭曲性强，分布于骨表面。骨松质由海绵状结构的骨小梁交织而成，位于骨质内部。骨小梁的排列与骨所承受的压力和张力方向一致，使其能承受较大的重量。运动可使得骨小梁增粗，而长期不活动骨小梁会退化变细。**骨髓**位于长骨的骨髓腔及扁平骨和不规则骨的骨松质中。骨髓组织中含有大量造血干细胞，是重要的造血组织。

2. 骨组织

骨密质和骨松质构成的**骨组织**（osseous tissue）是一种坚硬的结缔组织，由与骨形成相关的细胞和骨基质组成。

细胞包括骨原细胞、成骨细胞、骨细胞和破骨细胞，其中骨细胞存在于骨组织内，而其他三种细胞均位于骨组织的边缘。**成骨细胞**（osteoblast）来源于骨原细胞，是骨形成的主要功能细胞，负责骨基质的合成、分泌和矿化，最终骨盐沉积后成熟为骨细胞。**骨细胞**是成熟骨组织的主要细胞，能产生新的基质使骨组织钙和磷的沉积和释放处于稳定状态，是维持成熟骨新陈代谢的主要细胞。**破骨细胞**（osteoclast）数量上远少于成骨细胞，负责骨吸收，多位于骨组织被吸收部位，通过释放多种碳酸酐酶、蛋白酶和乳酸等降解羟基磷灰石或降解骨有机质而溶解骨组织。破骨细胞与成骨细胞主宰的骨形成和骨吸收处于动态平衡，相互协同，在骨的发育和形成过程中发挥重要作用。高表达的抗酒石酸酸性磷酸酶（tartrate resistant acid phosphatase）和组织蛋白酶K（cathepsin K）是破骨细胞主要标志。

骨基质（bone matrix）包括有机质和无机质两部分。有机质90% ~95% 为骨胶原；骨基质干重50% 为无机质即骨盐，钙和磷含量最多。骨胶原主要由 I 型胶原蛋白组成，后者在有序排列的基础上能够引导钙盐沉积和矿化，形成羟基磷灰石晶体，这决定着骨的可塑性。约99%以上的钙和87%以上的磷形成羟基磷灰石晶体,是骨盐的主要存在形式,沿着胶原纤维有规律地排列,使得骨基质十分坚硬。因此,骨基质的有机质和无机质结合在一起使骨组织具有特殊的硬度和韧性。

3. 骨代谢

骨组织的代谢是一个旧骨不断被吸收(溶骨),新骨不断形成(成骨),周而复始的循环过程。在正常成人成骨与溶骨维持动态平衡,在青少年成骨大于溶骨,而老年人则溶骨明显大于成骨。骨组织是体内钙的贮存库,骨中约1%的骨盐与血中的钙经常进行交换维持平衡,因此骨盐的沉积或释放直接影响着血钙水平。血磷也同样与骨代谢密切相关。血钙和血磷浓度降低到一定程度则会妨碍骨的钙化,甚至可引起骨盐溶解。而血镁不易从骨中动员出来,但可根据骨钙动员状况置换骨中的钙。

钙、磷、镁代谢与骨代谢主要是在维生素 D、甲状旁腺素和降钙素三种激素的调节下进行的。甲状旁腺素小剂量时刺激骨胶原和骨基质合成,利于成骨作用;大剂量时则增加破骨细胞数量和活性而增加溶骨作用。降钙素对骨的作用与甲状旁腺素作用相反,表现为抑制破骨细胞的作用。皮肤中的胆固醇代谢中间产物经表面紫外线作用转化为维生素 D_3(Vitamin D_3,VD_3),或者经胃肠道吸收的 VD_3,两条途径的 VD_3 均进入肝脏羟化为 $25-(OH)D_3$,最后还需在肾脏进一步羟化为 $1,25-(OH)_2D_3$,这是 VD_3 在体内主要的生理活性形式,也是机体活性维生素 D 的主要形式。$1,25-(OH)_2D_3$ 同样具有促进成骨和溶骨的双重作用,既能刺激破骨细胞活性增加从而促进溶骨,又可以提高血钙和血磷水平而促进骨钙化,同时还刺激成骨细胞分泌胶原蛋白促进成骨。除此之外,还有一种特殊的激素对骨代谢起着重要的作用,即雌激素(Estrogen)。雌激素除了维护和促进女性生殖器官发育和维持第二性征外,对骨骼系统也具有重要促进作用。雌激素可促进青春期骨的成熟及骨骺愈合,还可刺激成骨细胞活动而抑制破骨细胞活动,即促进骨中钙的沉积,且抑制溶骨减少骨量丢失。而女性绝经期后由于雌激素分泌减少,骨中钙流失增加,易引起骨质疏松。

二、骨质疏松及骨质疏松动物模型制备

1. 骨质疏松

骨质疏松(osteoporosis)是指以骨量减少、骨质量受损、骨强度下降,导致骨脆性增加,易发生骨折为特征的一种常见病和全身性骨代谢疾病。其常见症状为周身疼痛,尤以腰背痛最为多见,其次是身高降低、驼背、脆性骨折及累及呼吸系统等。骨质疏松是中老年人多发病,其发病率已跃居全球常见病和多发病的第七位,尤其是绝经期妇女尤为突出。随着我国人口老龄化的到来,用于骨质疏松及其并发症的医疗费用也逐年增高,研发预防或治疗骨质疏松的功能食品和药物也就显得越来越必要和具有巨大的潜力市场。

2. 骨代谢异常的实验室检查

（1）骨密度和骨含量

骨密度（bone mineral density，BMD）是指骨骼单位面积中骨骼矿物质的含量，是骨骼强度的一个重要指标，以克每立方厘米（g/cm^2）表示。而**骨含量**指骨骼单位体积内矿物质含量。这两个指标常常用来评价骨量。

骨密度可以采用单光子吸收法、双光子吸收法、双能X线吸收法（dual energy X-ray absorbtiometry，DXA）和周围定量计算机断层扫描（peripheral quantitative computerized tomography，pQCT）等方法测量。这些方法中DXA测定骨密度为诊断骨质疏松的金标准。与其他测定方法相比，DXA能消除周围软组织和骨骼内脂肪对测量值的影响，灵敏度和准确度较高，近些年得以广泛应用。

pQCT利用CT机对椎骨体骨密度和周围骨骨密度进行定量测定，可得到三维体积骨密度，代表真正的体积骨密度，较上述面积骨密度提高了敏感度和准确度，可以更早地发现骨量变化。

（2）生化指标

收集和分析动物模型血液或尿液生物样本，测定钙、镁和磷等元素含量变化，从而推测骨代谢情况，有助于判断骨质疏松的形成和治疗效果。

骨形成标志物是成骨细胞在其不同发育阶段表达的产物，可反映成骨细胞的功能和骨形成状况。这类指标包括Ⅰ型前胶原氨基端肽（procollagen Ⅰ N-terminal peptide，PINP）和Ⅰ型前胶原羧基端肽（procollagen Ⅰ C-terminal peptide，PICP）、骨源性碱性磷酸酶、骨钙素等。骨吸收标志物主要有Ⅰ型胶原基端交联肽（C-terminal cross-linked telopeptide of type Ⅰ collagen，CTX）、Ⅰ型胶原氨基端交联肽（N-terminal cross-linked telopeptide of type Ⅰ collagen，NTX）、吡啶啉、脱氧吡啶啉、血抗酒石酸酸性磷酸酶（TRACP）等。

（3）生物力学指标

骨量增加并代表骨强度一定增加，而骨生物力学指标可反映骨结构和骨宏观力学效应，如骨强度、骨硬度和骨韧性等之间的关系，是反应骨强度的较好指标。

临床上无法直接测定生物力学指标，但在动物模型则可以进行，用于骨质疏松模型建立和疗效评价。这类指标的检测实验包括椎体骨抗压强度及破坏载荷，长骨3点弯曲、4点弯曲和旋转实验等。其中长骨3点或4点弯曲实验较易操作，可获得长骨的结构力学的数据，包括最大载荷、最大桡度、弹性载荷、弹性桡度和能量吸收。

（4）骨组织形态学指标

发生骨质疏松时骨骼的形态学也发生病理性改变，因此也是重要的检测指标。可经病理学切片和染色，在显微镜下观察骨组织切片的骨皮质、骨小梁、成骨细胞和破骨细胞数量、炎症反应和软骨退变等改变。另一方面，也可以通过骨组织形态计量学技术对二维骨组织切片图像进行分析，通过测量和计算获得骨小梁各指标（厚度、面积、数量、间隙和连接点数目等）的定量分析数据，还能观察成骨细胞和破骨细胞活动情况，骨小梁体积和数量的变化等，从而较为客观地衡量骨生物学性能。

骨质疏松的诊断通常参考骨密度结果，生化指标一般不用于诊断骨质疏松，但有助于鉴别诊断及早期评价治疗效果。

3. 骨质疏松动物模型

骨质疏松动物疾病模型是研究骨质疏松病理发展机理、研发治疗和预防骨质疏松的药物或功能活性物质作用机理的重要工具。目前常见的模拟骨质疏松的动物疾病模型主要分为四种：激素干预型骨质疏松动物模型、废用型骨质疏松动物模型、营养型骨质疏松模型和其他类型。研究者根据其研究目的和范畴的不同选择不同的模型构建方法。其中，激素干预型主要包括手术切除卵巢/睾丸、手术切除甲状旁腺、药物损伤下丘脑、给予糖皮质激素、给予布舍瑞林（Buserelin）抑制垂体释放促性腺激素等方式，干扰机体钙磷代谢从而导致骨密度下降，形成骨质疏松。

在食品营养和功能食品研究中，较为常用的是雌性动物去势手术构建骨质疏松模型。在构建模型的同时或模型构建之后给模型大鼠补充受试样品，观察其在增加骨密度及骨钙含量的效果，从而对受试样品增加骨密度的功能进行评价。

去势手术构建骨质疏松模型

切除双侧卵巢诱发骨质疏松是研究女性绝经后骨质疏松的首选动物模型构建方法，也是目前使用最为广泛的模型之一。

动物体内卵巢分泌的雌激素对青春期骨的成熟和骨骺愈合具有促进作用。雌激素可刺激成骨细胞活动,促进骨中钙的沉积,增加骨骼坚硬度;同时雌激素对破骨细胞的活动具有抑制作用,抑制骨质在吸收的速率,减少骨质丢失。切除动物卵巢后,雌激素水平急剧下降,导致破骨作用增强成骨作用下降,加速了骨量丢失,最终造成骨密度降低,导致骨质疏松。

【操作步骤】

① 3 月龄 SD 成年雌性大鼠，去势手术前适应 3d ~ 5d。

② 大鼠称量，经腹腔注射戊巴比妥钠（30mg/kg ~ 45mg/kg）麻醉。麻醉成功后，大鼠俯卧位，固定四肢。于大鼠肋骨后缘中点下方 1.5cm、后正中线左侧 1.5cm 处，向下延伸打开约 1cm 的纵性切口。找到同侧子宫（大鼠子宫呈 Y 字形），延 Y 形分叉向子宫远端分离，找到末端称梅花状的卵巢，摘除双侧卵巢。

③ 另需设立假手术对照大鼠，进行切皮、分离组织，找到卵巢但不予切除，仅摘除附近与卵巢大小相近的脂肪组织。

正常饲养 8 周后测定骨密度评判模型构建是否成功。

【模型评价】 实验结束后，以双能 X 线骨密度测定法或固体密度仪测定法测定股骨骨密度。

评价指标和标准：以骨密度为评价指标，骨质疏松模型组动物低于假手术组动物为骨质疏松模型成功动物。

【注意事项】

① 术后动物应给予青霉素 20 万单位以预防感染。

② 一般大鼠在去势手术后 2 个月出现骨量和骨密度下降，3 ~ 4 个月后这种变化更加明显。

③ 大鼠去势后，还表现出子宫和子宫颈、阴道、雌性包皮腺和脂肪等组织质量降低，

肝、肾上腺、胸腺等组织质量和体重的增加。

三、有助于增加骨密度功能评价指标及结果分析

1. 有助于增加骨密度功能评价动物实验方案

按照受试物作用机理不同，动物实验评价分两种方案。补钙为主的受试物选方案一，其余（受试物功效成分主要调节骨代谢，如以内分泌调节等作用为主的，不含钙或不以补钙为主的受试物）选方案二。另外，对于补钙为主的受试物，当其钙摄入量低于100mg/d时，可以选择方案二，其他均采用方案一。除此之外，如果样品中包含食药局未批准用于食品的含钙化合物，则必须进行钙吸收代谢试验；如果样品中的补钙成分属营养强化剂范围内的钙源及来自普通食品的钙源（如可食动物的骨、奶等），则可以不进行钙吸收代谢试验。

无论选择哪种实验方案，实验动物推荐用大鼠，如 SD 大鼠、Wistar 大鼠等。单一性别，每组 8 只~12 只。受试样品组灌胃给予受试保健食品（根据选择方案一还是方案二来确定灌胃时间），期间定期称量体重，监测实验动物一般状态。实验结束后，解剖动物收集股骨样本用于检测指标测定。

【方案一】实验动物选出生 4 周左右的断乳大鼠，体重约 60g~80g，同一性别。经适应 3d~5d 后，禁食 16h，测量体重和体长，按体重随机分组，分笼饲养。实验设 3 个剂量组，以人体推荐剂量的 10 倍为其中的一个剂量组，另设计两个剂量组；同时需设低钙对照组。动物以基础低钙饲料喂养，在表 15-1 的基础饲料配方的基础上，调整含钙成分使得饲料中 Ca^{2+} 含量为 150mg/100g 饲料，即为基础低钙饲料。并自由饮水（去离子水，以避免从饮水中获得钙）。经口灌胃给予受试物，低钙对照组灌胃给予配样溶剂（去离子水）。喂养时间为 30d，最长不超过 45d。每周测量体重、身长一次，记录一周摄食量，计算食物利用率。

试验结束，取双侧股骨或也取肱骨，测定股骨骨干重，右侧股骨进行骨钙测定，左侧进行骨密度测定，并对股骨或肱骨进行骨病理试验。

如果受试样品中含有未批准用于食品的含钙化合物，则必须进行钙吸收代谢试验，测定钙吸收率。

【方案二】3 月龄成年雌性大鼠，经去势手术构建骨质疏松动物模型。手术后大鼠经适应性饲养 3d~5d 后分组，按体重随机分组，每组 8 只~12 只。实验组设 3 个受试物剂量组，以人体推荐剂量的 10 倍为其中的一个剂量组，另设计两个剂量组；同时，设假手术组和空白对照组，必要时可设阳性对照组（如雌二醇 1.0mg/kg）。

实验组三个剂量组灌胃给予相应剂量受试物，空白对照组和假手术组灌胃给予溶剂（去离子水）。动物自由饮水和给予参考饲料（参考饲料配方见表 15-2），喂养时间为 12 周。每周测定体重。试验结束，取大鼠双侧股骨（或也包括肱骨）和腰椎，测定股骨干重，右侧股骨进行骨钙测定，左侧股骨和腰椎进行骨密度测定，并对股骨或肱骨进行骨病理试验。

表 15 - 1　基础饲料配方

成分	质量分数/%
酪蛋白	10.0
黄豆粉	15.0
小麦面粉	54.0
玉米油或花生油	4.0
纤维素	2.0
混合盐	2.6
混合维生素	1.0
氯化胆碱	0.2
DL - 蛋氨酸	0.2
淀粉	11.0

注：1. 黄豆粉需高压处理后用。
　　2. 每千克混合盐中各组分成分如下：
　　KH_2PO_4，501.4g；NaCl，74.0g；$MgCO_3$，50.2g；乳酸亚铁，5.4g；乳酸锌，4.16g；$MnCO_3$，3.5g；$CuSO_4 \cdot 5H_2O$，0.605g；$NaSeO_3$，6.6mg；KI，7.76mg；$CrCl \cdot 6H_2O$，0.292g，加蔗糖到 1kg。
　　3. 混合维生素：每千克混合维生素中各组分成分如下：
　　维生素 A，400000IU；维生素 D3，100000IU；维生素 E，500IU；维生素 K，5mg；维生素 B1，600mg；维生素 B6，700mg；维生素 B_{12}，1mg；尼克酸，3g；叶酸，200mg，泛酸钙，1.6g；生物素，20mg，加蔗糖到 1kg。
　　4. 淀粉的含量可根据待测受试物（或碳酸钙）的量进行调节。

表 15 - 2　参考饲料配方

成分	质量分数%
酪蛋白	23
DL - 蛋氨酸	0.3
玉米淀粉	32
蔗糖	30
纤维	5
玉米油	5
混合矿物盐	3.5
混合维生素	1
二酒石酸胆碱	0.2

注：1. 混合矿物盐：每千克饲料含有各组分成分如下：
　　$MnSO_4$，110mg；$CuSO_4$，0.8mg；$FeSO_4$，1.2mg；KI，18.0mg；$ZnSO_4$，2960mg；$CaHPO_4$，2890mg；$MgSO_4$，1.25×104mg。
　　2. 混合维生素：每千克饲料含有各组分成分如下：
　　维生素 A，1.4×104IU；维生素 D，1500IU；维生素 E，120mg；维生素 K，3mg；维生素 B_1，12mg；维生素 B_2，20mg；维生素 B_6，12mg；维生素 B_{12}，0.03mg；烟酸，60mg；泛酸，24mg；叶酸，6mg；生物素，0.54mg。

2. 评价指标的判定

（1）方案一评判标准

生长发育：受试样品组与低钙对照组比较，生长发育指标（体重、身长、股骨干重）中至少一项显著高于低钙对照组，即可判定该受试样品促生长发育实验结果阳性；

骨钙：受试样品组与低钙对照组比较，股骨骨钙含量或骨密度显著高于低钙对照组，且组织切片骨组织学结构指标优于低钙对照组，即可判定该受试样品的骨钙实验结果阳性。

钙吸收率：受试样品组与低钙对照组比较，钙吸收率显著高于低钙对照组，且高剂量组不低于相应钙含量的碳酸钙对照组，则可判定钙吸收率实验阳性。如果受试样品组的动物身长、体重显著低于相同钙摄入水平的碳酸钙对照组，或受试样品组的钙吸收率显著低于相同钙摄入水平碳酸钙对照组的，则判定为不能作为补钙产品，判定钙吸收率实验阴性。

功能判定：保健食品经检验后，生长发育和骨钙两项实验结果阳性，可判定该受试物有助于增加骨密度。如果需要进行钙吸收率测定，除上述两条标准外，钙吸收率实验也必须阳性，才可以判定该受试物有助于增加骨密度。

（2）方案二评判标准

骨钙：受试样品组与骨质疏松模型组比较，股骨骨钙含量或骨密度显著升高，骨组织形态学指标较骨质疏松模型组有显著性改善，即可判定该受试样品的骨钙实验结果阳性。

功能判定：保健食品经骨质疏松模型测定钙沉积指标后，骨钙实验结果阳性，则可判定该受试物有助于增加骨密度。

四、评价指标检测原理和实验方法

1. 生长发育

【测定原理】体重和身长是动物在成长阶段生长发育的直接结果，骨骼也会随之增长。因此测定这些指标可以反应动物生长发育情况。

【仪器与试剂】天平、烘箱。

【实验步骤】

① 实验期间，记录每日摄食量，每周称量一次体重，计算喂养实验期间大鼠的增重和食物利用率。

② 实验结束后，处死动物，剥离出双侧股骨（或者也包括肱骨），取其中双侧股骨，于105℃烘箱中烤至恒量，称量骨干重。

【结果计算】大鼠每周的食物利用率，按照下式计算：

$$食物利用率（\%）＝\frac{每周体重增加量}{每周摄食量}×100$$

【注意事项】测量和计算食物利用率，动物应该单笼饲养，有条件最好用代谢笼，可以准确地测量一定时间内的摄食量。

2. 骨密度测定

骨密度的测量广泛应用于诊断骨质疏松，评估骨折风险和监测手术或其他治疗手段的治疗效果。骨密度测定常用双能 X 线和固体密度仪两种方法。

（1）双能 X 线骨密度测定法

双能 X 线吸收法（DXA）是国际公认的骨密度检测方法。临床上双能 X 线吸收法测定的骨密度值被 WHO 认为是诊断骨质疏松的金标准。

【测定原理】 使用两种不同能的 X 线，穿过机体组织时在软组织和骨组织中得到两种不同能的透过性，通过对其吸收特性和各种能的透过率的比较，可得到组织的密度，从而排除软组织对骨骼测量的影响。射线穿过骨组织会产生一定的衰减，其衰减量与骨骼的密度成正相关。通过计数 X 线的衰减量来计算骨密度值。

【仪器与试剂】 双能 X 线骨密度仪。

【实验步骤】 实验结束时，取左侧股骨和 L3 ~ L5 腰椎，小心剔除肌肉。在双能 X 线骨密度仪上扫描。采用小动物软件系统测量股骨粗隆部、股骨干中点和 L3 ~ L5 腰椎中点的 BMD 值。

（2）固体密度仪测定法

【测定原理】 在物理学中，把某种物质单位体积的质量叫做这种物质的密度。骨骼的密度可用骨骼重量比骨骼体积计算而得。根据阿基米德定律（Archimedean principle），骨骼在空气和水中的重量之差即为固体在水中受到的浮力，也是骨骼排出水的重量；根据水的密度可求出所排出水的体积，该体积即为骨骼的体积。再由骨骼在空气中的重量和骨骼体积即可求出骨骼的密度。

【仪器与试剂】 固体密度测量仪、烘箱。

【实验步骤】

① 左侧股骨烘箱中烘烤至恒量。

② 将股骨放入固体密度测量仪上部的测量杯里进行测定，得出股骨在空气中的质量。

③ 用 1mL 注射器将蒸馏水注满骨髓腔，然后用吸水纸将股骨表面水吸干，再将股骨样品放入盛蒸馏水的测量杯中进行称量（读数时间均控制在从股骨浸水开始计 20s 左右），得到股骨在蒸馏水中的质量。

④ 根据下式求出股骨密度：

$$\rho = \frac{W_a \times \rho_{fl}}{W_a - W_{fl}}$$

式中：ρ——股骨的密度，g/cm^3；

$\quad\quad W_a$——股骨在空气中的质量，g；

$\quad\quad W_{fl}$——股骨在蒸馏水中的质量，g；

$\quad\quad \rho_{fl}$——蒸馏水的密度，g/cm^3。

3. 骨钙含量测定

【测定原理】 原子吸收光谱法是根据物质的基态原子蒸汽对特征辐射的吸收作用来进

行元素定量分析。钙原子吸收光线的波长具有特异性，光程中该原子的数量越多，对其特征波长的吸收就越大，与该原子的浓度成正比。

用原子吸收法对恒量的左侧股骨进行消化测定。

【仪器与试剂】原子吸收仪、马弗炉、分析天平。

【实验步骤】

① 样品准备：

a）取大鼠一侧股骨在于马弗炉200℃烘烤5h，冷却后称量，即为骨骼干重；

b）再置于750℃烘烤5h，冷却后称量，即为骨骼灰重；

c）置于三角瓶中进行消化。

② 样品消化：

a）分析天平准确称取股骨（已灰化）0.300g～1.00g，置于150mL三角瓶中，上盖小漏斗；

b）加入混合酸（硝酸：高氯酸＝4：1）15mL～20mL，在电热板上加热消化直至冒白烟并透明无色。酸液不够时可以再加入少量混合酸；

c）消化液透明无色后加数毫升去离子水，煮沸以赶除剩余的酸；

d）重复两次，最后消化液的体积不超过1mL；

e）消化样品时应同时作空白试验，加入与样品消化时相同体积的混合酸，在相同条件下消化。

③ 测定：按照原子吸收分光光度计仪器检测步骤测定吸光度值（测定液、标准溶液和空白均用0.5%氧化镧溶液稀释，定容），由标准曲线求出样品的钙含量。

测量参考条件：钙吸收线波长：422.7nm；灯电流：10mA；狭缝宽度：0.7nm；燃烧器高度：9mm；空气流量：15L/min；乙炔流量：2L/min。

④ 用下式换算为骨骼中钙含量：

$$骨钙（mg/g）＝\frac{样品钙含量（mg）}{骨骼样品灰重（g）}$$

4. 骨组织病理形态学检查

【测定原理】动物骨组织经甲醛固定后可较好地保存原有的形态结构，经过常规苏木精－伊红染色（hematoxylin－eosin staing，简称HE染色），使细胞核和细胞浆染上不同的颜色。显微镜下可以观测骨皮质厚度、骨小梁数量和结构、破骨细胞等，从而确定骨骼健康情况。如果将骨切片经茜素红S特殊染色，因为茜素红S可与组织中的钙形成螯合物，这种螯合物呈双折射，显示为特殊的橘红色，从而可以判断钙沉淀量的多少，有助于判断补钙等骨骼健康情况。

【仪器与试剂】

仪器：全自动脱水机、包埋机、切片机、全自动染色机、双筒电光源显微镜。

试剂：10%中性甲醛水溶液、无水乙醇、二甲苯、石蜡、苏木精、伊红Y、三氯甲烷、甲酸-螯合剂脱钙液、茜素红S液、醋酸液、淡绿液。

耗材：载玻片、盖玻片。

【实验步骤】 取股骨或肱骨，经脱钙切片制片、染色后，镜下观察骨结构。

① 组织包埋和切片

a）标本固定：动物解剖后，取出股骨，剔除表面软组织。将股骨放置于 10～20 倍体积的中性甲醛固定液中固定 2d。

b）脱脂：取出固定好的股骨，流水冲洗 30min 后，转至 10～20 倍体积的三氯甲醛脱脂 7h（如果中间液体混浊，需更换三氯甲醛）。

c）脱钙：配制脱钙液：10% 甲醛 500mL + 70% 乙醇 500mL，加入甲酸 200mL，最后缓慢加入浓盐酸 150mL。股骨置于 20～30 倍体积的脱钙液中脱钙处理 24h～48h。以大头针能轻易刺入骨组织作为脱钙完成标准。脱钙后的股骨组织置于 10g/L 的氢氧化钠液中 15min，流水冲洗 1h～2h。

d）脱钙组织制片：脱钙处理后的股骨，切割为两部分，分别做矢状和冠状切开，厚度约为 5mm 左右，转入 10% 中性甲醛中继续固定 3h。

e）脱水及浸蜡：组织经梯度乙醇脱水，依次经过 70% 乙醇 80min，80% 乙醇 60min，90% 乙醇 50min，95% 乙醇 40min×2 次，100% 乙醇 30min×2 次，二甲苯 30min×2 次，然后浸蜡 45min×3 次。

f）包埋：65℃ 的石蜡包埋，放在冷冻台或者 4℃ 冰箱冷冻成型。

g）石蜡切片：切片机将组织块切成 4μm～5μm 厚切片，漂片水温 43℃。切片再置烤箱中烘烤 30min，二甲苯脱蜡。依次经由高到低的梯度乙醇至 70% 乙醇，水冲洗。

② HE 染色

a）二甲苯 5min～10min 脱蜡，2 次。

b）100% 乙醇，3min～5min，2 次。

c）95% 乙醇，2min～3min。

d）90% 乙醇，2min～3min。

e）80% 乙醇，2min～3min。

f）70% 乙醇，2min～3min。

g）蒸馏水洗，3min。

h）苏木精染液，10min～15min，自来水冲洗。

i）分色：0.5%～1% 的盐酸乙醇（70% 乙醇），数秒至数 10s。自来水快速冲洗。

j）蓝化：0.5%～1% 氨水，30s～1min。自来水洗。可光镜下镜检细胞核分色质量。流水冲洗 3min。

k）0.5% 水溶性伊红染液 30s。蒸馏水快速冲洗。

l）70%、80%、90% 乙醇速洗，每次各数秒至数 10s。

m）95% 乙醇，30s～1min，光镜下镜检细胞核与细胞质颜色对比情况。

n）100% 乙醇，2min～3min，2 次。

o）二甲苯，3min～5min，2 次。

p）适量树胶滴入组织上，用小解剖镊子夹取大小适宜的盖玻片一边，将盖玻片从组织一侧慢慢放下，至盖玻片缓慢覆盖在组织上。

q）镜下观察骨结构完整性：

骨板及骨小梁（数量减少或变薄变细或间隙增宽或疏松断裂），破骨细胞（增多或减少），成骨细胞（增多或减少），及其他改变。

③钙沉积特染（茜素红S染色法）

a）切片按②中a）～g）步骤脱蜡至水。

b）茜素红S液：5min～10min

c）蒸馏水速洗

d）淡绿液：复染20s～30s

e）醋酸液：速洗

f）按上述②中e）～p）常规脱水、透明和封片。

g）镜下观察

镜下，背景为绿色，有钙盐沉积的部位呈橙红色。

④切片评分计算

制片完成后，按照表15-3标准进行分级，通常甲级和乙级切片所占比例应大于90%，其中，甲级切片所占比例应大于35%；否则为不合格切片，需重做。

表15-3　常规石蜡HE染色切片质量标准及评分表（参照）

优质标准	分值	质量缺陷减分
组织切面完整	10	组织稍不完整：减1～3分；不完整：减4～10分
切片薄（3～5μm），厚薄均匀	10	切片厚（细胞重叠），影响诊断，减6～10分；厚薄不均匀，减3～5分
切片无刀痕、裂隙	10	有刀痕、裂隙，尚不影响诊断，减2分；影响诊断，减5分
切片平坦，无皱褶、折叠	10	有皱褶或折叠，尚不影响诊断，各减2分；影响诊断，各减5分
切片无污染物	10	有污染物，减10分
无气泡，盖玻片周围无胶液外溢	10	有气泡，减3分；胶液外溢，减3分
透明度好	10	透明度差，减1～3分；组织结构模糊，减3～7分
细胞核与细胞浆染色对比清晰	10	细胞核着色灰淡或过蓝，减5分；红（细胞质）与蓝（细胞核）对比不清晰，减5分
切片无松散，裱贴位置适当	10	切片松散，减5分；切片裱贴位置不当，减5分
切片整洁，标签端正，粘贴牢固，编号清晰	10	切片不整洁、标签粘贴不牢，各减3分；编号不清楚，减4分
合计	100	

注：切片质量分级标准为：甲级片，≥90分（优）；乙级片，75～89分（良）；丙级片，60～74分（基本合格）；丁级片，≤59分（不合格）。

按评分标准（见表 15 - 4），对各项观察指标打分，每只动物计算各项指标的总分。

表 15 - 4　骨组织切片染色结果评分标准

染色方法和观察指标		HE 染色									钙沉积特染（茜素红 S 法）
		骨皮质变薄	骨小梁				成骨细胞减少	破骨细胞增多	炎症反应	软骨退变	总分	
			减少	变细	疏松	断裂						
组别	低钙对照组											
	低剂量组											
	中剂量组											
	高剂量组											
	碳酸钙对照组											

注：评分标准如下：
0 分表示 H. E 染色结果基本正常，或是茜素红 S 染色阴性。
1 分表示 H. E 染色结果偶见轻微病变，或是茜素红 S 染色疑似阳性。
2 分表示 H. E 染色结果轻度病变，或是茜素红 S 染色弱阳性，范围≤1/4 视野。
3 分表示 H. E 染色结果中度病变，或是茜素红 S 染色中等阳性，范围≤1/2 视野。
4 分表示 H. E 染色结果重度病变，或是茜素红 S 染色强阳性，病变范围≧ 3/4 视野。
如观察结果在"0 ~ 1"之间，则可记为"0. 5"分，依次类推。

【注意事项】

① 染色前染液必须先过滤，或者如果染液内出现沉淀则要先过滤。

② 染色时，染液的液面一定要超过切片上组织的高度。

③ 染色中的在二甲苯脱蜡时，因为二甲苯极易挥发，一定不能出现组织切片上二甲苯挥干的现象，那样会导致组织"翘起或皱缩"。

④染色过程中用的蒸馏水每次染色后需更换。

⑤ 最后封固切片时，若组织中出现气泡，可用镊子轻轻移动盖玻片，将气泡慢慢赶出组织，若出现的气泡比较多，可将切片放回二甲苯中浸润并小心脱去盖玻片，重新进行封固。

⑥ 封固时标本表面的二甲苯不能完全挥发干，如果太干会造成标本间隙存在空气导致镜下观察见到类似于色素样的黑色斑点。

⑦ 如果光镜下观察切片上如同蒙了一层纱，可能是切片染色后脱水不完全所致。可将切片浸入二甲苯中脱去盖玻片，将切片逐步退回到 95% 乙醇中再重新进行新一轮的乙醇脱水、二甲苯透明和树胶封固。

5. 钙吸收代谢实验

如果受试样品中含有未批准用于食品的含钙化合物，则必须进行钙吸收代谢试验，测定钙吸收率。

【仪器与试剂】 原子吸收仪、代谢笼、天平。

【实验步骤】

① **动物**：出生 4 周左右的断乳 SD 大鼠，同一性别，体重约 60g ~ 80g，每组至少 6 只。

② **分组**：实验组设 3 个剂量组，以人体推荐剂量的 10 倍为其中的一个剂量组，另设计两个剂量组；同时，设低钙对照组，以及与钙水平与某一个剂量组受试物相同的碳酸钙对照组（如只设一个碳酸钙对照组，推荐选择钙水平最高的剂量组作为钙含量水平而设定碳酸钙对照组）。

③ **饲养**：大鼠经适应 3d ~ 5d 后，分笼饲养 4 周。每周测量身长、体重一次。用低钙对照组（150mg/100g 饲料）的基础低钙饲料作为基础，配制实其他各组的饲料。大鼠自由饮食和饮水，每周称量动物食物消耗量，计算食物利用率。

④ **代谢实验**：实验进行到第 4 周前 3d 进行钙代谢实验，大鼠单笼饲养，记录每只大鼠 3d 的摄食量（g/3d），收集 3d 的粪便，经原子吸收分光光度法测定饲料及粪便中钙含量。

⑤ **计算**：

$$摄入钙(mg/d) = 饲料中钙含量(mg/g)/饲料消耗量(g/d)$$

$$粪钙(mg/d) = 粪便中钙含量(mg/g)/粪便排出量(g/d)$$

$$钙表观吸收率(\%) = (摄入钙 - 粪钙)/摄入钙 \times 100$$

参 考 文 献

[1] 金宗濂.功能食品教程［M］.北京：中国轻工业出版社，2005.

[2] 金宗濂.保健食品的功能评价与开发［M］.北京：中国轻工业出版社，2001.

[3] 国家食品药品监督管理局保健食品化妆品监管司.保健食品功能范围调整方案（征求意见稿），2012.

[4] 国家食品药品监督管理局.关于印发抗氧化功能评价方法等9个保健功能评价方法的通知（国食药监保化［2012］107号），2012.

[5] 刘玉林，张琰，胡玉珍.基础医学动物实验技术［M］.西安：第四军医大学出版社，2008.

[6] 秦川.常见人类疾病动物模型的制备方法［M］.北京：北京大学医学出版社，2007.

[7] 赵毓梅，郑定仙，黄业宇，等.SD大鼠血常规、血液生化指标、脏体比正常参考值范围研究［J］.中国卫生检验杂志，2002，12（2）：165－167.

[8] 王东平，李善如，张敏，等.三种小鼠血液生理生化正常值的测定［J］.实验动物科学与管理，2000，17（2）：24－28.

[9] 朱大年，王庭槐.生理学（第8版）［M］.北京：人民卫生出版社，2013.

[10] 陈文，金宗濂.功能食品功效评价原理与动物实验方法［M］.北京：中国质检出版社，2011.

[11] 陆再英，钟南山.内科学（第7版）［M］.北京：人民卫生出版社，2007.

[12] 刘建文.药理实验方法学——新技术与新方法［M］.北京：化学工业出版社，2008.

[13] 涂国华，姜旭淦，李礼，等.高效液相色谱法测定糖化血红蛋白方法的建立与评价［J］.江苏大学学报（医学版）.2011，21（2），147－154.

[14] 唐粉芳，张静，邹洁，等.红曲对L－硝基精氨酸高血压大鼠降压作用初探［J］.食品科学，2004，25（4）：156－157.

[15] 那立欣，赵丹，宁华，等.减肥功能实验动物模型的改良［J］.卫生研究，2010，39（2）：162－164.

[16] 谭正怀，莫正纪.三种肥胖动物模型研究概况［J］.中国实验动物学杂志，2001，11（3）：176－177.

[17] 汤锦花，严海东.营养性肥胖大鼠模型的建立及评价［J］.同济大学学报（医学版），2010，31（1）:32－34.

[18] 孙志，张中成，刘志诚.营养性肥胖动物模型的实验研究［J］.中国药理学通报，2002，18（4）：466－467.

[19] 赵玉琼.肥胖大鼠模型［J］.实验动物科学，2011，28（6）：59－61.

[20] 李小林，谢琳，文辉才，等.维生素D致肥胖大鼠模型的实验研究［J］.江西医学院学报，2002，42（6）：1－2.

[21] 曹雪涛.医学免疫学（第六版）［M］.北京：人民卫生出版社，2013.

[22] 高芃，钱嘉林，刘长喜，等.环磷酰胺对小鼠免疫抑制的动物模型建立［J］.环境与职业医学，2004，21（4）：314－318.

[23] 杨颖，蔡玫，黄志彪，等.环磷酰胺致小鼠免疫功能低下模型建立与评价［J］.中国公共卫生，

2008，24（5）：581－583.

［24］吕颖坚，黄俊明，蔡玫，等．氢化可地松对小鼠免疫功能低下模型的建立及其验证［J］．毒理学杂志，2013，27（3）：194－196.

［25］李煜，齐丽娟，迈一冰，等．比较流式细胞术和鸡红细胞法检测小鼠腹腔巨噬细胞吞噬功能［J］．毒理学杂志，2012，26（2）：133－135.

［26］陈东亚，陆罗定，俞萍，等．流式细胞术检测小鼠腹腔巨噬细胞吞噬能力的方法学探讨［J］．中国免疫学杂志，2014（30）：1074－1077.

［27］王宏．BALB/c 小鼠过敏反应模型的建立及在中药注射剂致敏性检测中的应用［D］．济南：山东大学，2012.

［28］李靓，林智，何普明，等．茶氨酸改善小鼠睡眠状况的实验研究［J］．食品科学，2009，30（15）：214－216.

［29］李岩．原发性与继发性失眠患者睡眠质量与焦虑抑郁情绪的研究［D］．吉林：吉林大学，2009.

［30］罗燕．陈真．学习记忆障碍动物模型及行为学检测指标的评价［J］．安徽医药，2018，22（2）：204～206.

［31］Riedelg，Kangsh，Choidy，et al. Scopolamine－induced deficits in social memory in mice：reversal by donepezil. Behav Brain Res，2009，204（1）：217～225.

［32］高莉，彭晓明，张富春等．不同剂量东莨菪碱对小鼠学习记忆功能的影响［J］．医药导报，2013，32（5）：573～576.

［33］郑建仙．功能性食品［M］．北京：中国轻工业出版社，1999.

［34］原淑娟，吴定宗，邱宏等．D－半乳糖对大鼠空间学习记忆行为与海马结构电生理以及突触形态学的影响［J］．神经解剖学杂志，2003，19（4）：403～407.

［35］匡荣．苁蓉总苷和松果菊苷对体内外氧化应激阿尔茨海默病模型的作用及机理研究［D］．杭州：浙江大学博士论文，2009.

［36］陈明诚，张伟，赖续文等．改良脱钙液在骨骼组织切片中的应用［J］．中国误诊学杂志，2011，11（35）：8640.

［37］赵荧，唐军民．形态学实验技术［M］．北京：北京大学医学出版社，2008.

［38］李强，刘建，段永宏．鹿瓜多肽对去卵巢大鼠骨密度、股骨生物力学及松质骨中 BMP2 表达的影响［J］．中国骨质疏松杂志，2006，12（6）：602～606.

［39］王春生，苏峰，宗治国等．骨质疏松模型建立的研究进展［J］．中国骨质疏松杂志，2015，21（9）：1143～1147.

［40］郭鱼波，马如风，王丽丽等．骨质疏松动物模型及其评价方法的研究进展［J］．中国骨质疏松杂志，2015，21（9）：1149～1154.

［41］虞惊涛，马信龙，马剑雄．骨质疏松动物模型评价方法［J］．中华骨质疏松和骨矿盐疾病杂志，2014，7（1）：66～70.

［42］沙南南，王拥军，张岩．维生素 D 对破骨细胞、成骨细胞分子调控的研究进展［J］．中国临床药理学与治疗学，2016，21（10）：1196～1200.

［43］梁文娜，叶蕻芝，廖凌虹等．Ⅰ型胶原蛋白对骨矿化机制的影响［J］．中国老年学杂志，2012，32（17）：3840～3842.

［44］Liebscher MA. Biomimetic considerations of animal models used in tissue engineering of bone. Biomaterials，2004，25（9）：169－714.